ANTHROPOTOMIE,

OU

L'ART DE DISSÉQUER;

TOME PREMIER.

ANTHROPOTOMIE,

OU

L'ART DE DISSÉQUER

LES MUSCLES, LES LIGAMENS, les Nerfs, & les Vaisseaux sanguins du Corps humain ;

Auquel on a joint une Histoire succincte de ces Vaisseaux ; avec la maniere de faire les injections ; de préparer, de blanchir les os & de dresser les squelettes.

De préparer toutes les différentes parties & de les conserver préparées, soit dans une liqueur propre à cet effet, soit en les faisant sécher ; celle d'ouvrir & d'embaumer les Cadavres.

On y donne aussi la description des matieres propres à chacune de ces préparations, & la figure des instrumens.

TOME PREMIER.

A PARIS,

Chez BRIASSON, ruë Saint Jacques, à la Science, & à l'Ange Gardien.

M. DCC. L.

Avec Approbation & Privilege du Roi.

ANTHROPOTOMIE,

OU

L'ART DE DISSÉQUER

Toutes les différentes parties solides dont le Corps humain est composé.

PREMIERE PARTIE,

Qui renferme la Myotomie, l'Ostéotomie, la Scélétopcie & la Névrotomie.

LIVRE PREMIER,

DE LA MYOTOMIE.

CHAPITRE PREMIER,

Sur la Dissection en général.

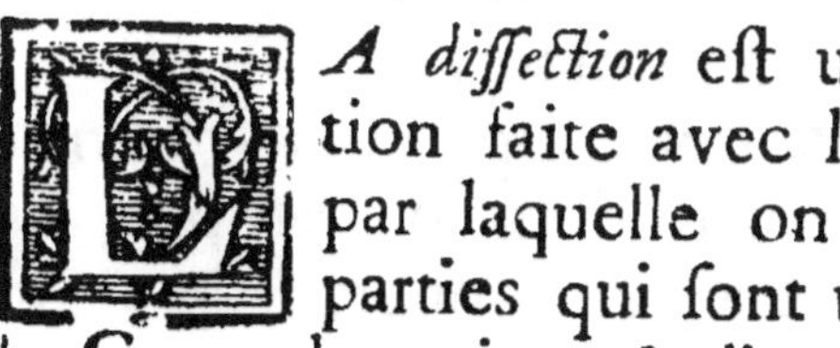

A dissection est une opération faite avec le scalpel,
par laquelle on divise les
parties qui sont unies dans
le Corps humain, & l'on découvre

A

celles qui font couvertes, afin de les examiner. Après l'examen, on fépare ces parties, & on les enleve de deffus le cadavre.

D'où il fuit que la diffection a deux parties : *la préparation* que doit fuivre l'examen, & *la féparation*.

L'examen eft une recherche exacte, & une étude réfléchie de tout ce qui appartient aux différentes parties du Corps humain. Le principal inftrument de cette opération intellectuelle eft l'organe de la vue.

Cet examen des parties du Corps a pour objet, leur *nom général*, leur *fituation*, leur *figure*, leur *couleur*, leur *grandeur*, leur *furface*, leurs *bords*, leurs *angles*, leur *fommet*, leur *divifion*, leur *connexion*, leur *texture*, leur *ufage* (tant celui qui dépend de leur texture, & qui détermine leur action, que *celui* qui dépend de leur action même) leur *diftinction*, leur *nombre*, & enfin leur *nom propre.*

Voilà en général ce que c'eft que de difféquer & examiner.

Mais ces deux opérations demandent un *lieu* qui leur foit propre, un *tems* qui leur foit convenable, des *inftrumens* particuliers, & enfin un *Ca-*

davre humain, propre au but de l'Anatomiste. Nous allons traiter de toutes ces choses dans l'ordre que nous venons de les nommer.

CHAPITRE SECOND,

De ce qui est requis extérieurement pour la dissection.

L E *lieu* propre à la dissection est un amphitéâtre préparé à ce dessein, ou dans les Ecoles publiques, ou dans un Hôpital. Il faut qu'il soit situé à l'Orient ou au Nord ; qu'il soit spacieux, & surtout fort élevé ; que les croisées, ainsi que les vitres , en soient fort larges. Il faut aussi qu'il soit dégagé , autant qu'on pourra, de toute autre maison , afin que le vent & la lumiere puissent y entrer.

L'hyver est le *tems* de l'année le plus propre à la dissection ; le *tems* du jour sont les heures où l'on n'a pas besoin de lumiere ; car je ne conseille pas de disséquer à la lumiere, tant à cause qu'elle fatigue extrêmement les yeux, que parce qu'elle n'est pas suffisante pour faire distinguer les unes des autres , les petites parties du Corps. Il faut donc disséquer depuis 8. heures du matin jusqu'à midi ; & depuis 2. jusqu'à 4. On ne peut y emploïer moins de tems chaque jour, sans courir les risques de ne pouvoir achever la dissection du Cadavre ; il ne faut pas aussi en emploïer davantage. Avant 8. heures du matin & après 4. du soir, il n'y a pas assez de jour.

Le *tems* que doit durer la dissection est de 14. jours, au plus : après quoi le Cadavre se pourrit.

Les *instrumens* sont un *rasoir* , un *scalpel* de la premiere grandeur & fort, qui n'ait qu'un tranchant , & obtus auprès du manche. Plusieurs autres *scalpels* de moyenne grandeur , à deux tranchans , & obtus aussi à l'issuë du manche : plusieurs autres petits *scalpels* semblables à des lancettes à saigner , à cette différence que leur lame doit être fixe sur le manche , à deux tranchans, & obtuse vers le manche : une paire de *ciseaux* semblables à ceux dont on se sert pour couper les cheveux, une *hérigne* à une ou à deux branches, un *crochet*, une *scie tournante* , deux *paires de pincettes*, une grande & une petite ; un *ciseau*, un *marteau*,

des *aiguilles courbes*, &c. Voyez *planch.*
1re. *&* 2de.

Il faut avoir deux *tables* dans l'amphithéâtre : une *grande*, de la longueur d'un adulte, fillonnée dans toute fa longueur, afin de donner une if-
fuë aux fluides qui fortent du Cadavre, & qu'on recevra dans des baffins
placés exprès fous la table; qu'elle puiffe fe mouvoir en tout fens, fe hauffer
& fe baiffer, & néanmoins être fixe
& ferme, lorfqu'on le juge à propos ;
qu'on puiffe fur un des bouts de cette
table, pratiquer une ouverture longue, propre à recevoir deux colonnes
de bois qui puiffent s'approcher & s'é-
loigner l'une de l'autre au moyen
d'une vis. Voyez *planch.* 1re. Il
faut la placer dans la direction de la
lumiere ; c'eft-à-dire, qu'un de fes
bouts foit vers la fenêtre, & l'autre
vers le mur oppofé à la fenêtre. L'autre table doit être moins grande, quarrée, immobile, & placée à l'autre
fenêtre. Elle eft deftinée à recevoir le
tablier & les *manches* qui doivent être
de toile cirée, & un *linceul* pour couvrir le Cadavre, des *vafes de terre & de
bois*, des *tablettes* de différente grandeur, des *éponges* & des *linges* pour net-

toyer le Cadavre , & d'autres *linges* pour effuyer les mains de l'Anatomifte.

On doit par préférence , lorfqu'il s'agit de difféquer les mufcles , choifir , autant comme il eft poffible , le *Cadavre* d'un adulte , dont les mufcles plus grands & plus forts que celui d'un enfant , font plus aifés à diftinguer , & moins faciles à déchirer. Il ne faut pas qu'il foit mort de mort violente , parce qu'alors certains mufcles ont perdu leur conftitution naturelle. Dans un décolé , par exemple , tous les mufcles du col font brifés ; dans un pendu , ces mêmes mufcles , ainfi que ceux de la tête , enflammés par la compreffion violente qu'ils ont soufferte , fe pourriffent auffitôt ; dans les noyés , la tête & le col font enflés , & les mufcles enflammés. Il faut donc qu'il foit mort de maladie , non pas cependant d'une maladie contagieufe; car quoiqu'on life par-tout qu'on ait difféqué des cadavres de peftiférés , cette diffection ne peut tout au plus durer que deux heures ; & il s'agit ici d'une diffection qui doit durer 14. jours , au bout defquels le Cadavre d'un peftiféré répandroit une odeur

insupportable, & qui seroit certaine-
ment funeste à l'Anatomiste. Il faut
enfin que ce Cadavre soit frais (c'est-
à-dire, 24. heures au moins après la
mort) & charnu, sans être gras ; car
outre que la graisse cause beaucoup
d'embarras à l'Anatomiste, pour la séparer d'avec les parties qu'il veut disséquer, elle accélére aussi beaucoup la
pourriture du Cadavre.

L'Anatomiste après s'être garni d'un
tablier & de manches, doit retirer le
Cadavre de la biere, & l'étendre sur
la grande table dont nous avons parlé, de façon que la tête soit à la fenêtre, & les pieds vers le mur opposé, afin que le jour se répande de la
tête aux pieds sur tout le Cadavre.

Il faut ensuite le mettre à nud, le
laver, lui couper les cheveux, &
couvrir le visage & les parties honteu-
ses avec des linges qu'on liera tout au
tour, tant pour assujettir les parties,
que pour les assujettir eux-mêmes, &
les fixer dans la même situation.

L'Anatomiste observera, la premiere fois qu'il disséquera, de se placer
à la droite du Cadavre, vis-à-vis l'abdomen, de sorte que sa main gauche
soit vers la tête, & sa droite vers les
pieds du Cadavre. A iiij

Mais il évitera de se placer entre le Cadavre & la cheminée, cette place étant extrêmement dangereuse, puisque le feu & l'air extérieur, attirant à soi la mauvaise odeur, elle entreroit toute dans le corps de l'Anatomiste placé entre le Cadavre & la cheminée.

S'il est obligé de se servir du grand scalpel, il faut qu'il en empoigne le manche tout entier; s'il se sert d'un petit, il faut le tenir de la main droite, comme on tient une plume à écrire, tandis qu'il tient de la main gauche avec le pouce & l'index une pincette avec laquelle il saisira la partie qu'il a envie de disséquer, non pas cependant immédiatement par son propre corps, mais par le moyen d'une membrane ou de quelqu'autre enveloppe qui la couvrira.

Si l'Anatomiste est *ambidextre*, il changera de main, suivant le besoin, & il est fort heureux d'avoir cette qualité; car on dissèque bien plus promptement & bien plus commodément lorsqu'on change de main, que lorsqu'il n'y a que la droite qui puisse & sache conduire le scalpel.

La *propreté* est encore un article sur

lequel l'Anatomiste ne peut pousser le scrupule trop loin : ainsi qu'il ait toujours sous sa main des éponges, des linges, *&c.*

Si les parties qu'on veut préparer, sont devenues *séches*, on les arrosera avec de l'eau un peu tiéde.

· Il faut aussi que l'Anatomiste ait à côté de lui un ou deux *aides*, afin que s'il a besoin de retourner le Cadavre, d'éponges, de linges, *&c.* tout cela s'exécute aisément & promptement, sans que la dissection en soit retardée.

Si l'Anatomiste veut préparer en particulier une partie séparée du Cadavre, qu'il la place sur une planche propre pour la transporter sur une autre table, & qu'il couvre le cadavre.

Si cette partie est trop petite ou trop légere pour être fixée par son propre poids, il faut avec de petites aiguilles qui passeront au travers de ses vaisseaux sanguins ou de ses membranes, l'attacher à la tablette, ou qu'un aide l'assujettisse avec une pincette.

Les parties qu'on enléve de dessus le Cadavre, & dont l'Anatomiste n'a pas besoin, doivent être éloignées, si elles sont considérables, afin que

leur puanteur ne foit point à charge ;
ou fi elles font petites, elles doivent
être ramaffées dans un baffin, que l'on
vuide lorfqu'il eft plein.

Quelques Anatomiftes pour retarder
& diminuer la puanteur, ont coutume
de parfumer le Cadavre d'eau de fen-
teur, ou de liqueurs fpiritueufes : mais
cette odeur, lorfqu'elle eft jointe à la
puanteur du Cadavre, m'a toujours
paru plus infupportable que le Cadavre feul. Je ne me fers donc jamais
d'effences ; mais je vuide fur le champ
les cavités du thorax & de l'abdomen.
Je fais fortir enfuite tout le fang de la
tête, du col & des quatre extrémités,
en comprimant ces parties vers le thorax & vers l'abdomen : j'emploie chaque jour les heures indiquées, j'ai
toujours du feu pendant mon travail ;
& dès que l'odeur m'incommode, je
fais bruler quelques herbes aromati-
ques, & je crache.

Toutes les fois que l'Anatomifte in-
terrompt fon travail, il doit couvrir
d'un drap ou d'un linceüil, le Cadavre entier, & la partie féparée fur laquelle il travaille, de peur que le froid
ne les faffe roidir au point de ne pouvoir plus être difféquée. Si d'ailleurs

pour remédier à cet inconvénient, vous approchez du feu, ou arrosez d'eau tiéde la partie gelée, vous courez presque toujours les risques de les amollir au point, que quelque léger qu'en soit le maniement, elles ne vous échappent comme si elles étoient fluides.

Tout ce que nous avons dit dans ce chapitre, & en général sur quelque dissection que ce soit, l'Anatomiste l'appliquera aux muscles.

CHAPITRE TROISIE'ME,

De ce qu'il faut observer sur les muscles.

LEs parties du Corps humain, qu'on appelle *charnuës*, ont tant par rapport aux fibres flexibles & élastiques dont elles font composées, que par rapport à l'arrangement de ces fibres, quelque chose de commun entre elles toutes, qui les rend propres non-seulement à produire les mouvemens du corps & des membres, mais aussi à le rendre stable & assuré ; c'est ce qui fait donner à ces parties le nom général de *muscle.* Ce terme d'art a été défini par tous les Anatomistes, & je n'ajouterai rien à ce qu'ils en ont dit, sinon qu'il ne suffit pas toujours d'avoir la même fonction & la même structure qu'un muscle, pour être appellé de ce nom ; par exemple, la *membrane musculaire des intestins*, &c.

La situation d'un muscle est la *maniere* dont chaque muscle co-existe à une autre partie du corps, soit que cette autre partie soit elle-même un muscle, ou d'un autre genre.

Cette *maniere de co-exister* peut être considérée, ou *en général*, rélativement à toutes les parties ausquelles un muscle co-existe ; ou *en particulier*, rélativement à une partie déterminée.

De-là on distingue trois sortes de situations de muscle, la *générale*, la *particuliére* & la *spéciale*.

Par situation générale des muscles dans le Corps humain, on entend leur situation par rapport à chaque partie du corps, destinée au mouvement, (sans préjudice des autres usages que cette partie peut avoir.) Or cette situation peut être, ou de façon que cette partie destinée au mouvement, telle qu'elle soit solide ou fluide, muscle ou non, doive être muë par un seul ou par plusieurs muscles réunis ;

ou de façon que cette partie doive être affermie & assurée pour servir de point d'appui au muscle moteur ; ou enfin de maniere que cette partie modifie le mouvement dans sa direction & dans sa vitesse, ou qu'elle allonge & racourcisse la puissance, proportionnellement au poids qu'elle a à surmonter ; car quoique les muscles aient chacun leur structure particuliere, dont la connoissance est nécessaire pour expliquer, suivant les Loix de la Mécanique, les mouvemens des animaux ; cependant les muscles dans le corps animé, ne sont autre chose que les puissances motrices ; ainsi ils ne peuvent co-exister qu'aux parties du corps qui sont destinées au mouvement.

C'est donc avec raison que M. Winslow * observe sur la situation générale des muscles du Corps humain, qu'ils sont placés dans les endroits du corps où doivent s'exécuter quelques mouvemens : mais ce grand homme ne détermine pas assez précisément cet emplacement, pour que l'Anatomiste, sur sa seule définition, sache dans

* Tom. 2. §. 1.

quel endroit il doit aller chercher tel muſcle.

Qu'on ne s'imagine pas que notre définition ſoit mauvaiſe , ſous prétexte qu'ayant un rapport à définir, nous avons compris dans notre définition la deſtination de la choſe ; car cette deſtination étant l'unique raiſon ſuffiſante qui puiſſe donner une idée de ce rapport , elle devoit néceſſairement faire partie de la définition.

Et c'eſt la raiſon pour laquelle dans l'homme & dans la plûpart des animaux , les muſcles ſont ſitués extérieurement ſur les os , & non pas dans les cavités de ces os, (excepté ceux de l'oreille interne , où le mécaniſme de l'oüie en exigeoit néceſſairement pour ébranler le nerf acouſtique par le moyen des oſſelets deſtinés à cet uſage) au lieu que dans les écreviſſes ils ſont ſitués dans les cavités des os, & non pas au déhors.

Au reſte la ſituation que nous venons d'expliquer s'appelle *générale* , parce qu'elle eſt commune à tous les muſcles du corps organiſé ; c'eſt pourquoi les deux autres ſituations moins communes portent le nom , l'une de ſituation *particuliére* , & l'autre de ſituation *spéciale* ou *propre.*

La situation *particuliére* d'un muscle, est celle qui lui est commune au plus avec tous les muscles situés dans la même moitié du corps, & au moins avec un muscle du même nom.

La situation *spéciale* ou *propre*, est celle par laquelle un muscle est distingué d'un autre muscle du même nom.

Quoiqu'il y ait même des muscles, tels, par exemple, que les sphincters de la bouche & de l'anus, qui n'aient point d'associé ou de muscle du même nom, ils ont cependant une situation *spéciale*, qu'il faut leur assigner entre les muscles voisins.

Il suit clairement de ces définitions que M. Winslow, dans tout ce qu'il a dit des muscles * sous les titres : *situation générale, situation, situation particuliére*, a décrit ici la situation que nous nommons ici *particuliere*, & que M. Albinus dans ce qu'il a dit ** *sur la situation des muscles en général*, a moins eu en vuë de déterminer la situation *générale*, que le changement de la situation *propre.*

* Tom. 2. ç'à & là.
** Liv. 2. C. 1.

Les muscles prennent différens noms
par rapport à leur situation ; ils font
à *droite* ou à *gauche*, *antérieurs* ou
poſtérieurs, *ſupérieurs* ou *inférieurs*, *ex-*
ternes ou *internes*, *mitoyens* ou *latéraux*,
droits ou *obliques*, *tranſverſes* ou *circu-*
laires.

Mais la plûpart de ces expreſſions
n'ont qu'un ſens vague & indétermi-
né chez les Anatomiſtes, ſurtout lorſqu'ils les appliquent aux muſcles, parce qu'ils contemplent l'homme dans
différentes ſituations par rapport à lui-
même. Il faut donc fixer l'homme
dans une ſeule ſituation, & alors ces
noms auront un ſens précis, clair &
déterminé.

Qu'on ſuppoſe donc l'homme de
bout, les bras pendans ſur les cuiſſes
le long du tronc, de ſorte que le petit doigt de chaque main tourné vers
la cuiſſe du côté correſpondant, les
deux paulmes de la main, le viſage,
les mammelles, le nombril & les parties génitales externes, ſoient directement en face de l'Anatomiſte.

Dans cette ſituation, tirez deux lignes ; l'une en devant, qui partant
du ſommet de la tête, & partageant en
deux parties égales, le front, le nez,

la

la bouche, le menton, le col, le sternum, le nombril & les parties génitales externes, viennent se terminer au milieu du périné : l'autre par derriere, qui descendant aussi du sommet de la tête le long de l'occiput, de la nuque & de l'épine du dos, vienne aboutir à l'autre ligne au milieu du périné.

Cette section détermine les muscles qui sont *à droite* & ceux qui sont *à gauche*.

Que dans la même situation indiquée ci-dessus, on divise l'homme en deux autres parties par deux lignes, dont l'une partant du sommet de la tête, passant sur le pariétal droit, sur l'oreille, sur le côté droit du col, sur la partie supérieure du bras droit, sur le condyle de l'extrémité de l'humerus articulée au cubitus, & qu'on nomme condyle externe ou petit condyle ; de là sur le carpe, le côté externe du pouce jusqu'à son extrémité ; de-là le long de la partie interne du même pouce qui regarde l'index, & ainsi par les parties latérales des autres doigts ; ensuite remontant le long de la partie du petit doigt qui touche la cuisse sur le carpe, le cubitus, la partie de l'humerus tournée vers le thorax, dans l'aiſſelle, redeſcendant le long des parties latérales de la poitrine, du bas-ventre, juſqu'au grand trochanter du femur droit, le long de cet os juſqu'à ſon condyle externe, le long du péroné juſqu'à la plante du pied qu'elle traverſe pour revenir vers la malléole interne, remonter le long du tibia au condyle interne du femur, le long de la partie latérale interne de cet os ; de-là entre les parties génitales externes & l'anus vers le périné qu'elle traverſe à droite, pour aller gagner le raphé dans la partie moyenne duquel elle ſe terminera. Soit conduite une autre ligne par les mêmes parties du côté gauche.

Cette ſection détermine quels muſcles ſont *antérieurs*, & quels autres ſont *poſtérieurs*.

Dans la ſituation décrite ci-deſſus, la ſituation antérieure & poſtérieure des muſcles du coude & de la main, eſt facile à ſaiſir : au lieu que ſi on plaçoit l'humerus, le coude & la main, comme le preſcrit M. Winſlow, * il

* Mém. de l'Académ. des Sciences, ann. 1722.

seroit extrêmement difficile de distinguer les antérieurs d'avec les postérieurs.

Que l'homme toujours placé comme on l'a dit, soit partagé en deux autres parties par une ligne, qui partant du côté droit du nombril, & circulant autour du corps par les muscles droits de l'abdomen, vers l'apophise épineuse de la troisiéme vertebre des lombes, & les muscles gauches de l'abdomen, rentre en elle-même par le côté gauche du nombril.

Cette section détermine quels muscles sont *supérieurs*, quels sont *inférieurs*.

Mais parce que dans cette situation perpendiculaire pour le reste du corps, le pied est placé horisontalement ; les muscles *supérieurs* du pied sont ceux qui sont sur le dos de cette partie, & les *inférieurs* ceux qui sont à la plante.

Dans cette même situation perpendiculaire, on ne sauroit distinguer la situation *interne* d'avec l'*externe* ; mais si cette situation ne contribue en rien à cette différence, aussi n'y nuit-elle point ; car la situation *externe* est celle qui est la plus voisine de la peau ; & l'*interne* celle qui est la plus voisine des os & des grandes cavités qui font dans le Corps humain ; & même à prendre ces mots en rigueur , il n'y a que les grandes cavités dans l'homme qui aient proprement une fituation *interne* ; toutes les autres parties font fituées *extérieurement*.

On voit par-là à quels mufcles convient la fituation *interne* , & aufquels convient la fituation *externe*.

Les fituations *mitoyennes* , *latérales* , *droites* , *obliques* , *tranfverfes* & *circulaires* , feroient aifées à déterminer , fi on les rapportoit aux fituations déja expliquées ; mais il fera plus court de les définir exactement.

Pour qu'une partie foit cenfée placée *au milieu* , il faut néceffairement qu'elle ait un rapport à deux ou plufieurs autres parties qui l'environnent ; ainfi le thorax avec l'abdomen eft fitué au milieu des extrémités ; le col eft fitué au milieu de la tête & du thorax ; l'abdomen eft fitué au milieu du thorax & des extrémités inférieures , &c.

Ayant ainfi déterminé quelles parties font au milieu , il eft aifé de voir quels mufcles ont la fituation qu'on appelle *mitoyenne*.

La situation *latérale* est celle dans laquelle un muscle touche un autre muscle ; car tout muscle a une ou deux surfaces, qu'on regarde comme ses côtés ; or tout ce qui touche un muscle par ces surfaces, est dit situé *latéralement* par rapport à ce muscle.

La situation *droite* est celle dans laquelle un muscle a ses fibres perpendiculaires sur une autre partie, ou du moins paralleles à une partie qui dans l'homme debout est perpendiculaire ; par exemple, le muscle droit de l'abdomen.

La situation *oblique* est celle dans laquelle un muscle a ses fibres panchées sur une autre partie avec laquelle elles font un angle aigu ou obtus ; par exemple, le mastoïdien, le coracohyoïdien, & les obliques de l'abdomen.

La situation *transverse* est celle dans laquelle un muscle coupe une autre partie, de façon qu'au point d'intersection, il fasse avec la partie coupée quatre angles droits ; c'est ainsi que dans l'abdomen les transverses coupent les droits, & que les transverses du périné coupent la suture de cette partie appellée raphé.

J'appelle situation *circulaire*, celle dans laquelle un muscle est tellement placé autour d'un point fixe, quoiqu'imaginaire, que les points pris circulairement sur la superficie de ce muscle, soient à une égale distance de ce point fixe : tel est le spincter des paupieres.

Au reste toutes ces situations sont déterminées comme les *situations particulieres*, puisqu'elles sont communes à un muscle tout au plus avec tous ceux qui sont dans la même moitié du corps, & tout au moins avec un muscle du même nom.

Cependant ces situations deviennent des *situations propres*, quand elles servent à distinguer un muscle d'avec un autre du même nom ; ainsi, par exemple, le triangulaire qui est à la droite du sternum est situé *à la droite* des interscotaux droits, & le triangulaire qui est à la gauche du sternum, est situé *à droite* par rapport au triangulaire droit du sternum, *&c.*

Voici encore un autre moyen de ne se point tromper sur la signification des termes antérieur & postérieur, supérieur & inférieur, droit, oblique & transverse, &c. Soit conçu l'homme debout, divisé en deux parties égales & symmétriques par

un plan qu'on peut nommer le plan de divi-
*sion. Soit conçu un autre plan qui s'étende
le long de la face, de la poitrine, du bas-
ventre, &c. jusqu'à l'extrémité des pieds ;
(le* plan vertical.) *Enfin qu'on imagine un
troisième plan sur le sommet de la tête (le*
plan horisontal.) *Toutes les parties qui re-
garderont le plan de division seront nommées*
internes ; *celles qui seront tournées vers
le plan horisontal, seront dites* supérieures ;
& on les appellera antérieures, *si elles
regardent le plan vertical* ; obliques, *si
elles rencontrent ou coupent obliquement un
ou plusieurs de ces plans ;* droites, *si elles
sont parallèles au plan vertical & à celui de
division, ou à l'un des deux ;* transverses, *
si elles sont parallèles au plan horisontal.*

Cette distinction des muscles, ti-
rée de leur différente situation, paroîtra peut-être inutile & absolument
stérile à la plûpart des Lecteurs, sous
prétexte qu'ils n'apperçoivent pas du
premier coup d'œil, quel en peut être
l'usage : mais ils changeront sans dou-
te de sentiment, en les avertissant
que mon but ici a été d'apprendre
aux jeunes Anatomistes le procédé
qu'ils doivent tenir pour arriver sûrement à l'éxamen complet d'un muscle ; le chemin qu'ils doivent suivre

pour le découvrir ; & suivant l'exigence des cas, la méthode à laquelle ils doivent s'attacher pour en décrire, & pour en déterminer éxactement la situation ; & on m'accordera encore que toutes ces connoiſſances ſont néceſſaires pour dreſſer en bonne forme le Procès-verbal d'une viſite de bleſſé. Ainſi loin qu'on puiſſe me faire ici avec quelque fondement le reproche d'une inutile prolixité, on pourroit avec plus de raiſon ſe plaindre que je ne me ſuis pas étendu autant que mon plan l'exigeoit, puiſque ces ſortes de deſcriptions ne peuvent être jamais trop exactes. J'avoüe que toutes les diſtinctions que j'ai indiquées, n'ont jamais lieu toutes enſemble ; mais il n'en réſulte pour cela aucune inutilité pour chacune d'elles en particulier ; c'eſt à la prudence de choiſir celle qu'éxigent les différens cas où l'on ſe trouve.

La figure générale que les Anatomiſtes donnent aux muſcles ; eſt celle d'un petit rat. Mais comme cette figure ne convient pas, à beaucoup près, à tous les muſcles, ce n'eſt que fort abuſivement qu'on lui donne le nom de *générale*. Il faut donc s'en tenir

nir à leur assigner une figure *particuliére* ; dans quelques-uns , c'est celle
d'un petit rat ; dans les autres celle
d'un ver ; dans ceux-ci celle d'une
sole ; dans ceux - là celle d'un autre
poisson. Il y en a d'autres qui ressem-
blent à une figure géométrique ; par
exemple , à un quarré , à un triangle , *&c.* D'autres représentent des
instrumens de mécanique , comme
une scie. Il y a encore dans les muscles une espèce de figure particuliere,
qu'on peut appeller *anonyme* ; & c'est
celle à qui on n'a point encore donné de nom.

La *couleur* des muscles est rouge &
blanchâtre. La couleur rouge domine
sur la plus grande partie des muscles;
il y en a même sur toute l'étendue desquels elle s'étend , tel que le peaucier. La suffocation & l'inflammation
leur communique aussi cette couleur ,
que l'hydropisie & la macération affoi-
blissent considérablement. La couleur
blanchâtre domine sur les extrémités
des muscles ; il y en a même qui sont
totalement blancs; par exemple , le
transverse de l'abdomen. Il y en a
d'autres , qui outre leurs extrémités ,
ont encore au milieu une portion

C

blanchâtre, tel que le diaphragme ; d'autres ont leur surface rouge marquetée de trois ou quatre rayes blanchâtres, tel que le droit de l'abdomen ; d'autres enfin sont bigarrés de rouge & de blanc, tel est le masseter.

La *grandeur* des muscles comprend leur longueur, leur largeur & leur épaisseur, dimensions qui varient suivant l'âge, la taille & la santé.

La grandeur des muscles varie même suivant les différentes situations où l'homme se trouve ; en effet ils sont plus longs dans un homme couché sur le dos, que dans celui qui se tient debout ; car dans la premiere de ces situations les muscles n'agissent point ; or leur inaction augmente leur longueur. D'ailleurs les parties supérieures n'affaisent point les inférieures, & les cartilages situés entre les vertebres n'étant plus comprimés, écartent en se dilatant ces mêmes vertébres, & l'écartement de celles-ci allonge nécessairement les muscles auxquels elles servent d'attache. *

* Winsl. tom. 1. Traité des Os frais §. 17. 31. 315.

La *surface*. Quelques mufcles dans toute leur étendue en ont deux ; quelques-uns n'en ont qu'une ; d'autres n'en ont qu'une dans leur plus grande partie , & enfuite en ont deux à leur extrémité, ou à chacune de leurs extrémités lorfqu'ils en ont deux.

Dans les mufcles qui dans toute leur étenduë ont deux furfaces , l'une eft fituée *extérieurement & antérieurement*; telle eft celle qui dans l'oblique interne de l'abdomen regarde l'oblique externe de l'abdomen : l'autre eft fituée *intérieurement & poftérieurement* ; telle eft celle qui dans le même oblique interne , regarde le tranfverfe de l'abdomen ; ou bien l'une de ces furfaces eft *fupérieure*, telle eft dans le diaphragme celle qui eft tournée vers le thorax ; & l'autre eft *inférieure* , telle eft celle du même diaphragme tournée vers l'abdomen.

Les mufcles qui dans toute leur étenduë n'ont qu'une fuperficie , ont cette fuperficie ou en partie *inférieure*, & en partie *fupérieure* , ou en partie *antérieure* & en partie *poftérieure* , &c.

Dans les mufcles qui dans leur plus grande étenduë n'ont qu'une furface, & dans le refte en ont deux , il faut appliquer à la partie qui n'a qu'une surface, ce que nous avons dit des muscles qui n'en ont qu'une ; & à la partie qui a deux surfaces, ce que nous avons dit des muscles qui en ont deux.

Le bord d'un muscle est chez les Anatomistes ce que le périmetre d'une figure quelconque est chez les Gèometres : en un mot c'est ce qui termine un corps, & la ligne par laquelle il en touche un autre ; ainsi lorsque deux muscles se rencontrent, l'extrémité par laquelle ils se terminent & se touchent, est ce qu'on appelle *bord* en Myologie.

Mais le bord rencontrant le périmetre ou en entier, ou en partie, il suit que les muscles qui ont deux surfaces, ont ou deux bords, comme l'Orbiculaire des paupieres, ou trois comme le Deltoide, ou quatre comme le Rhomboide.

Dans les muscles qui ont deux bords, ou l'un est situé *extérieurement*, tel est dans l'orbiculaire des paupiéres celui qui avoisine les muscles du front, du nez & des levres ; & l'autre est situé *intérieurement*, tel est dans le même muscle le bord qui est tourné vers les bords des paupiéres , quoiqu'il se partage en deux si l'on ferme les paupieres : ou l'un de ces bords est *supérieur* , tel est dans le spincter de l'anus , celui qui est proche les releveurs de l'anus ; & l'autre est *inférieur*, tel que celui qui dans le même spincter est tourné vers l'anus , quoiqu'il se partage aussi en deux, lorsque l'anus perd la figure circulaire. *

Dans les muscles qni ont trois bords, l'un est situé *transversalement* aux fibres de ce muscle , & les deux autres sont situés *parallelement* à ces mêmes fibres. En outre, ou ce bord transverse est *supérieur* comme dans le deltoide , ou *postérieur* comme dans le trapeze. Des deux autres bords , l'un est *postérieur* , & l'autre *antérieur* , comme dans le deltoide ; ou l'un est *supérieur*, & l'autre *inférieur*, comme dans le trapeze , considéré de la maniere dont il tombe sous les yeux par son attache : car si on le sépare de l'occiput, de l'épine & des muscles du dos , en le laissant néanmoins attaché à l'épaule , il présente dans son expansion

* Santorin. Observ. Anatom. tab. 2. fig. 1. tab. 3. fig. 5.

quatre bords, dont le plus court attaché à l'épine de l'omoplate, paroît dans sa situation naturelle faire partie du bord inférieur.

Dans les muscles qui ont quatre bords, deux sont situés *transversalement* aux fibres qui s'y terminent, & les deux autres *parallelement* à ces mêmes fibres. Outre cela, ou l'un des bords transverses est *supérieur*, & l'autre *inférieur*, comme dans le droit de l'abdomen; ou l'un est *antérieur* comme dans le rhomboide celui qui est uni à l'épaule, & l'autre *postérieur*, comme dans le même muscle celui qui est uni à l'épine du dos. L'un des bords paralleles est situé *à droite*, comme dans le droit de l'abdomen celui qui regarde les parties charnuës des deux obliques & du transversé du même côté; & l'autre *à la gauche*, comme dans le même muscle celui qui est proche la ligne blanche; ou bien encore de ces deux bords paralleles, l'un est situé *supérieurement*, & l'autre *inférieurement* comme dans le rhomboide.

Dans les muscles dentelés on peut concevoir quatre bords, dont l'un cependant dégénere en plusieurs autres, qui tous ensemble, concourent à former les dents de la scie, dont le muscle tire son nom de *Dentelé*.

Les muscles qui dans toute leur étendue n'ont qu'une surface, n'ont point de bords ; tels sont les lombricaux & le spincter de la bouche.

Quelqu'un objectera peut-être que le spincter de la bouche a deux bords ; l'un *interne*, par lequel ce muscle se touche lui-même, & l'autre *externe*, dans lequel s'insérent d'autres muscles; mais cette objection tombe d'elle-même, si l'on fait attention que ces prétendus bords disparoissent, dès qu'on enléve la peau des lévres, & qu'on sépare les autres muscles du sphincter.

Quant aux muscles qui vers l'une ou l'une & l'autre de leurs extrémités ont deux surfaces, ils ont aussi à ces mêmes extrémités trois bords, mais qui ne convergent pas partout ; à la vérité deux de ces bords convergent toujours avec le troisiéme ; mais un ne converge pas toujours avec l'autre, comme on peut le voir dans l'extrémité du grand rond qui s'insere à l'humerus.

Les muscles dans leurs surfaces, sont quelquefois composés de plusieurs parties, qui en se réunissant toutes au même point, ne se réunissent cependant pas dans le même plan. De ce concours de lignes divergentes qui aboutissent au même bord, se forme *un angle*, de la même maniere précisément que du concours de deux lignes, inclinées l'une sur l'autre, se forme à leur point de rencontre l'angle mathématique.

Les muscles qui dans toute leur étenduë ont deux surfaces, forment autant d'angles qu'ils ont de bords convergens : le Deltoide, par exemple, qui a trois bords, a aussi trois angles ; quatre angles répondent pareillement aux quatre bords du rhomboide.

Le bord externe de l'orbiculaire des paupieres, ne forme qu'un angle vers le nez. * Et comme le bord interne de ce même muscle, quoiqu'unique, se partage cependant en deux, qui se réunissent à leurs extrémités. Aussi ce bord forme-t-il deux angles qui sont, à la vérité, curvilignes ; c'est-à-dire, formés par deux lignes courbes.

De même le bord inférieur du sphin-

---

*. Santorin. loc. cit. tab. 1.

éter de l'anus, qui se partage en deux, forme aussi deux angles. Quant à ce qui regarde le bord supérieur de ce même muscle , comme les fibres des releveurs de l'anus s'y inserent & le recouvrent , je n'oserois décider s'il a des angles , & combien.

Si le bord d'un muscle est composé de plusieurs lignes droites , arrangées en forme de scie , comme dans les dentelés ; alors ce muscle , outre ses autres angles , en a encore autant que de dents.

Les muscles qui à l'une ou à l'une & l'autre de leurs extrémités ont trois bords , ont deux angles à chacune de ces extrémités , suivant ce qui a été dit ci-dessus. Les muscles qui n'ont point de bords , n'ont point aussi d'angles ; car ceux-ci ne se forment que du concours de deux lignes qui se coupent ; or ces sortes de lignes de rencontre , ne se trouvent point dans les muscles sans bords.

Si on objectoit encore par rapport au sphincter de la bouche , qu'il a des angles, quoiqu'il n'ait point de bords ; je répons qu'à proprement parler, ce muscle n'a point aussi d'angles, puisqu'il forme quelquefois un cercle applati , approchant de la figure elliptique dans le contour de laquelle les points n'étant pas également diſtans du centre , les parties les plus éloignées de ce centre imitent bien en quelque ſorte des angles , mais n'en forment pas de véritables.

La ſituation des angles dans les muſcles , ſe régle ſur celle du muſcle même ; ainſi ces angles ſont *à droite* ou *à gauche* , *antérieurs* ou *poſtérieurs* , &c.

D'un autre côté , en Myologie, comme en Géométrie , ces angles ſont ou *droits* , ou *aigus* , ou *obtus*. Cette grandeur varie dans le même angle , ſuivant l'action ou l'inaction du muſcle.

Les muſcles qui n'ont point d'angles , forment des *ſommets* ou *pointes* à leurs extrémités. Le ſommet d'un muſcle eſt celle de ſes extrémités à laquelle viennent aboutir toutes ſes fibres, collées & raſſemblées les unes avec les autres dans toute leur longueur. Ces ſommets ont la figure ou d'un cône, ou d'un ſpheroide, ſuivant qu'ils ſont ou plus courts & plus obtus , ou plus longs & plus pointus : cette figure de cône doit s'entendre d'un cône tronqué ; car ſi ces fibres formoient un cône éxact à leur réunion , le muſcle y perdroit considérablement de sa force , au lieu qu'un sommet un peu large la lui conserve toute entiere.

Un muscle *divisé* présente trois parties. On ne prend pas ici le mot *division* dans sa signification réelle & ordinaire, où il signifie la séparation des parties qui composent un tout quelconque ; on entend seulement une séparation mentale, par laquelle on distingue trois parties dans un muscle. On le suppose donc coupé en travers par deux lignes , de façon que sa partie rouge soit renfermée entre ces deux lignes, & les deux parties blanchâtres soient au-delà.

Dans cette supposition, la partie renfermée entre les deux lignes, s'appelle le *ventre* du muscle, & les deux parties excédentes se nomment les *extrémités.*

Il y a quelques muscles dans lesquels ces parties sont au nombre de plus de trois ; le droit de l'abdomen, par exemple : mais aussi il faut observer que ce muscle est , pour ainsi dire , un faisceau de plusieurs autres petits muscles, collés les uns aux autres dans toute leur longueur ; & voilà pourquoi, si on les suppose coupés comme au num. 78. & qu'on ne faſſe qu'un ſeul calcul de toutes leurs parties , ce gros muſcle en préſentera plus de trois.

Ce n'eſt pas que ces ſortes de gros muſcles ne puiſſent être diviſés en trois , comme on l'a dit ; mais alors leur *ventre* ou leur milieu contiendra pluſieurs petits muſcles tous entiers.

Les ſphincters , & ſur-tout celui de la bouche , ne paſſent pas dans l'opinion de la plûpart des Anatomiſtes pour avoir des extrémités. Il eſt cependant bien certain qu'ils en ont , quoiqu'en ſe confondant l'une avec l'autre , elles échappent aux yeux & au ſcalpel.

L'*attache* des muſcles eſt à la peau & aux autres membranes, aux os, aux vaiſſeaux ſanguins , aux nerfs , aux viſceres & mutuellement à eux-mêmes : & elle eſt ou *médiate* ou *immédiate.*

L'attache *médiate* eſt celle qui paſſe au travers, ou de *beaucoup* de tiſſu cellulaire & elle eſt alors large, ou d'une *petite* quantité de ce même tiſſu & alors elle eſt étroite.

L'attache *immédiate* eſt celle qui ſe fait *ou* à la peau, comme dans les muſcles de la paume de la main & de la plante des pieds ; *ou* aux membranes aponerrotiques , comme dans les muscles situés au coude & à la cuisse ; *ou* à d'autres membranes , comme dans le diaphragme au pericarde ; *ou* aux os , & cette espèce d'attache prend le nom d'*insertion*. Voici comme les muscles sont inserés aux os. Les uns sont inserés dans toute leur étenduë , c'est-à-dire , d'une extrémité à l'autre , tel est le brachial interne. Le plus grand nombre est inféré par les deux extrémités ; quelques-uns enfin ne le sont que par une, tel est l'occipital ; *ou* les muscles sont attachés aux organes ; par exemple , aux yeux ; *ou* enfin à d'autres muscles , & cette derniere sorte d'attache a des différences que nous allons assigner. Les uns sont attachés dans toute leur étenduë , comme le crural aux vastes. Les autres sont attachés par leur ventre & leur aponevrose , comme les extenseurs du coude ; ceux-ci par leur aponevrose seulement , tels sont les obliques & les transverses de l'abdomen. Ceux-là par leur tendon uniquement , tels sont les extenseurs du tarse ; d'autres sont attachés par leur tête & une petite portion du ventre , comme les extenseurs du carpe & des doigts de la main. L'extrémité de l'un est attachée à l'extrémité de l'autre , comme dans le sphincter , soit des paupieres , soit de l'anus. L'extrémité de ceux-ci est attachée au ventre de celui-là , comme l'extrémité du frontal à l'orbiculaire des paupieres , l'extrémité des muscles des lévres au spincter de la bouche , l'extrémité du releveur de l'anus à son sphincter.

La *tissure* est un sujet sur lequel nos Auteurs ont dit & beaucoup & de bonnes choses. La matiere n'est cependant pas épuisée. Winslow & Albinus suffisent aux jeunes Anatomistes. *

L'*action* du muscle consiste dans sa contraction ; parce qu'en se contractant il devient plus court , c'est-à-dire , qu'il occupe un moindre espace dans toute la longueur de ses fibres. Ainsi la contraction opére donc dans le muscle une espèce de gonflement , en vertu duquel les extrémités de ses fibres se rapprochent les unes des autres , & sont aussi attirées dans la même proportion ; les extrémités

---

* Winsl. tom. 2ᵉ .5 , Albin l. 1. c. 1. 11.

du muscle par son ventre ; car c'est
la partie charnuë, c'est-à-dire, celle
qui est comprise entre les deux extrémités, & appellée *ventre*, qui se
contracte ; & cette contraction produit un mouvement sensible dans le
tendon & le ventre du muscle vers
sa tête, qui attachée à un point fixe
reste toujours immobile.

Ce n'est pas que la tête du muscle
ne soit aussi attirée vers le ventre :
elle l'est bien moins sensiblement que
le tendon ; car elle est retenuë par l'os
auquel elle est inférée, jusques-là même que si cet os est mobile, il est assuré par d'autres muscles dont la
fonction est de faire effort contre l'action du muscle que nous supposons mû, & de la contrebalancer.
Que si au contraire cet os est déja immobile par son union avec d'autres
os, comme par exemple les os du
crâne & de la mâchoire supérieure,
alors il n'aura plus besoin d'être assujetti par d'autres muscles antagonistes de celui auquel il sert d'attache.

L'action d'un muscle s'exécute tantôt
du tendon vers la tête du muscle ; &
c'est lorsque l'os qui sert d'attache au
tendon, est tiré vers le ventre du

muſcle & vers l'os auquel l'autre extrémité du muſcle ou ſa tête eſt in-
ſérée.

Tantôt elle s'exécute de la tête au
tendon, & c'eſt lorſque la tête & le
ventre du muſcle ſont tirés vers le
tendon; & dans ce cas, comme le
tendon eſt auſſi attiré par le ventre
du muſcle, il eſt retenu par l'os qui
lui ſert d'attache, & l'os eſt alors retenu par un corps étranger, comme
par la terre, lorſque par exemple,
l'homme appuyé ſur les doigts des
pieds, tient ſes talons ſuſpendus en
l'air.

La *contraction* n'eſt pas égale dans
tous les muſcles : elle eſt plus grande
dans un homme ſain que dans un ma-
lade, dans un homme accoûtumé à
des éxercices violens, ou à des tra-
vaux groſſiers, que dans une femme
délicate & ſenſuelle. Les degrés de
tenſion varient même ſuivant les âges.
Dans un enfant nouvellement né, par
exemple, les extenſeurs de la tête ne
peuvent la tenir droite.

Le *relâchement* du muſcle eſt ſa reſti-
tution dans l'état qu'il avoit avant ſa
contraction.

Le *relâchement* des muſcles a deux
causes;

caufes ; l'une *interne* qui réfide au-dedans même du mufcle contracté , &
l'autre *externe*, qui eft au dehors.

C'eft dans la matiere , la nature ,
la forme ou l'arrangement des fibres
dont le mufcle eft compofé , qu'il faut
rechercher la caufe *interne* qui fait re-
lâcher les mufcles : car il eft certain
qu'un corps , quel qu'il foit , tend à
recouvrer l'état qui eft conforme à la
nature , à la figure & à la ftructure
des parties qui le compofent. Ainfi
les fibres d'un mufcle ne peuvent plus
refter après un certain tems dans l'é-
tat violent de contraction ; mais dès
que le fluide nerveux , caufe inftru-
mentale de cette contraction , ceffe
d'agir fur le mufcle , alors il éprouve
au dedans de lui une action contraire
à la contraction , & qui la détruifant
peu à peu , le rétablit dans fon an-
cien état. Au refte le mécanifme interne de ce relâchement , eft un pro-
blême non encore réfolu , très-propre
à exercer les forces & la fagacité de
quiconque entreprendra de le réfou-
dre. Voyez ce que M. Winflow en a
dit, tom. 2. §. 826. 1104. Je n'entre
dans aucune difcuffion détaillée fur
cette matiere , parce que j'écris pour
des jeunes gens. D

Si l'on m'objecte que cette *cause interne* ne peut produire aucun affoiblissement dans une tension violente, pour la faire dégénérer dans une moins grande, & que l'élasticité de la fibre musculaire ne consiste uniquement que dans la force qu'elle a de pouvoir se contracter, comme on le voit dans les muscles mêmes séparés des os : Je répons qu'une pareille contraction ne dure pas long-tems, & qu'elle est bientôt suivie d'un relâchement total & éternel : il y a plus, nous voyons le relâchement suivre la contraction dans des muscles, dont il n'est pas certain d'ailleurs que le relâchement vienne d'une cause purement *externe*, dans les *sous-cutanés* des quadrupedes, par exemple.

C'est pourquoi j'admets une *double élasticité* dans les muscles ; l'une par laquelle ils se contractent lorsqu'ils sont lâches, & l'autre par laquelle ils se relâchent lorsqu'ils sont tendus.

La cause *externe* du relâchement des muscles est, *ou* dans les muscles appellés *Antagonistes*, parce qu'ils contrebalancent l'effort du muscle mis en action : *ou* dans le poids de l'os attiré, & dans celui des muscles situés sur cet os : *ou* dans les cartilages situés entre les vertebres, qui comprimés dans l'homme debout par le poids des parties supérieures, cessent de l'être dans l'homme panché ou couché ; en se dilatant, ils écartent les vertebres les unes des autres, & relâchent par conséquent les muscles auxquels ces vertebres servent d'attache.

M. Winslow * appelle muscles *auxiliaires* ceux qui servent à mouvoir des os auxquels ils ne sont point insérés. Ainsi, par exemple, le Couturier est un auxiliaire, puisqu'en faisant mouvoir la jambe à laquelle il est inséré, il meut aussi le fémur auquel il ne l'est point. Consultez sur l'action des muscles Winslow, tom. 2. §. 45. &c. & 1152. &c.

L'*usage* des muscles qui dépend de leur action, consiste à *avancer*, à *retirer*, à faire *pirouetter*, &c. les parties du corps humain. Tous ces mouvemens ont chacun un nom propre, qui les désigne & les caractérise, comme l'abduction, l'adduction, la rotation, &c.

De l'*usage particulier* de chacun des muscles du corps pris en détail, il résulte un *usage général* des muscles pour

* Tom. 2. §. 781.

tout le corps pris en gros ; ainſi c'eſt
par la réunion des forces particulieres
de chaque muſcle que l'homme, par
exemple , ſe tient debout , ſe prome-
ne , eſt à cheval , *&c.*

La diſtinction des muſcles. Si deux
muſcles ont leurs fibres dans une direction différente, ou s'il ſe trouve entr'eux quelque portion de tiſſu cellulaire , un vaiſſeau ſanguin , un nerf ,
&c. alors ils ſont faciles à diſtinguer :
mais il n'en eſt pas de même lorſqu'il
n'y a rien entr'eux ; car alors la diſtinction ne peut plus ſe faire qu'à l'aide de leurs attaches ; ainſi par exemple , les muſcles inférieurs du phaninx
ne ſont diſtingués que par les cartilages du larynx auxquels ils ſont inſérés.

Les muſcles qui ſont joints les uns
aux autres , *ou* dans toute leur longueur , comme le crural avec les vaſ-
tes ; *ou* par leur ventre & leur aponévroſe , comme les extenſeurs du coude , ne peuvent être diſtingués les
uns d'avec les autres , & doivent paſſer pour un ſeul & même muſcle.

Ceux au contraire qui ne ſont unis
que par leur aponévroſe ſeulement ,
comme les muſcles de l'abdomen , *ou*
par leurs tendons , comme les exten-

feurs du tarfe, *ou* par leur tête & une
petite portion de leur ventre, comme
les extenfeurs du carpe & des doigts
de la main, font des mufcles diftingués entr'eux.

En un mot, c'eft l'unité de ventre
qui caractérife l'unité de mufcle ; de-
forte que fi les ventres peuvent être
féparés les uns des autres, fans que
les fibres foient déchirées, il y aura
autant de mufcles diftingués que de
ventres féparés, comme dans le triceps de la cuiffe. Si au contraire les
parties charnuës, qu'on regarde ordinairement comme des ventres dif-
tincts, ne peuvent être féparées
fans qu'on déchire en même tems leurs
fibres, comme dans les extenfeurs du
coude, alors ce n'eft qu'un feul &
même mufcle.

Ce n'eft pas là la feule façon de diftinguer les mufcles entre eux ; ils fe
diftinguent encore par la différence
des *fituations* qu'ils ont dans les régions
du corps ; tels font les mufcles abdominaux. Leur *ftruChure* par laquelle les
uns font fimples & les autres compo-
fés, fert encore de fondement à une
autre efpèce de diftinction ; enfin leur
ufage les diftingue auffi, les uns en

extenseurs , les autres en fléchisseurs,
&c.

Le nombre des muscles. Il n'est pas possible de le déterminer au juste dans le Corps humain ; car il y a des Cadavres où il en manque quelqu'uns, les palmaires par exemple. Outre cela les Anatomistes ne s'accordent pas entr'eux sur certaines parties à qui les uns accordent , & les autres refusent ce nom. Il y en a qui regardent comme des muscles particuliers certaines fibres musculaires de la face & de l'oreille externe ; d'autres comptent les parties d'un seul & même muscle, comme de l'extenseur (commun du coude) pour autant de muscles distingués.

Enfin le *nom propre* ou *spécial* est ce qui se présente en dernier lieu dans la contemplation des muscles ; car comme ce nom propre lui vient ou de sa situation ou de sa figure , l'Anatomiste ne peut en sentir la justesse & la convenance , qu'après avoir contemplé la figure , la situation , &c. de ce muscle.

C'est avec raison que M. Winslow *

* Tom. 2. §. 38. 780. 781. tom. 4. Traité du Bas-ventre , §. 568.

observe, que les noms tirés de l'usage des muscles étant équivoques, ne peuvent servir à l'Anatomiste dans la découverte d'un muscle, au lieu que les *noms* tirés de la situation, de la figure ou de l'attache, étant propres, prennent, pour ainsi dire, l'Opérateur par la main, & le conduisent sûrement dans la découverte & dans la dissection du muscle : c'est pourquoi les premiers conviendroient beaucoup mieux à la *Myologie*, & les autres à la *myotomie*.

CHAPITRE QUATRIE'ME,
De la Préparation des Muscles.

POur préparer les muscles, il faut connoître leur situation, se placer soi & le cadavre dans une situation commode, & enlever méthodiquement les parties qui sont unies aux muscles, & qui les couvrent.

Je suppose que l'on sait leur situation, puisqu'on connoît les os vers lesquels les muscles sont situés. Winslow d'ailleurs, ou Albinus, ou l'un & l'autre, étant à côté de l'Anatomiste , suppléeront à ce qu'il ignore.

La situation du muscle qu'on veut disséquer étant connuë, il faut que l'Anatomiste se place ainsi que le cadavre , dans le sens le plus commode pour son opération.

C'est-à-dire qu'il faut mettre le cadavre sur le dos , lorsqu'on veut disséquer à la partie antérieure , & sur le ventre lorsqu'on veut disséquer à la partie postérieure.

Si vous disséquez à la partie droite & antérieure , placez le cadavre commodément pour cet effet.

Si c'est à la partie droite & postérieure , placez le cadavre sur le ventre , la tête vers la fenêtre , & les pieds vers le mur opposé. Placez-vous au côté droit , la main droite vers la tête & la fenêtre , & la gauche vers les pieds & le mur opposé à la fenêtre.

Si vous disséquez à la partie gauche & antérieure , placez le cadavre comme nous l'avons dit ci-devant , & placez-vous au côté gauche , la tête à votre droite , & les pieds à votre gauche.

Si c'est à la partie gauche & postérieure , placez-vous du côté gauche,

che, la tête à votre gauche, & les pieds à votre droite.

Si cependant les muscles que vous voulez préparer, situés à droite & postérieurement, ou à gauche & antérieurement, sont fort voisins d'une autre partie du corps, comme par exemple, les intérépineux droits des gauches & le pyramidal gauche du droit du même nom; ou si tels muscles du même nom sont éloignés les uns des autres, pourvû que les parties vers lesquelles ils sont situés, puissent se tourner aisément sur le côté comme la tête, alors l'Anatomiste pourra se placer comme on l'a dit ci-dessus; c'est-à-dire, sa gauche à la fenêtre & vers la tête, & sa droite aux pieds & vers le mur.

Mais si les muscles à disséquer, situés dans les mêmes parties, sont éloignés les uns des autres & appartiennent à des membres qui ne peuvent pas se tourner aisément sur le côté ; alors si l'Anatomiste veut rester dans la situation indiquée, il faut qu'il panche le cadavre sur le côté opposé & qu'il se tienne ainsi assujetti par le secours de quelqu'un, pendant toute sa préparation. Si au contraire cette situation n'est pas favorable, il faut tourner les pieds du cadavre vers la fenêtre & la tête vers le mur.

Pour disséquer le diaphragme, que le cadavre soit couché sur le dos, sous lequel vous mettrez un morceau de bois ou une pierre, afin d'élever le diaphragme au-dessus de l'abdomen & de la partie supérieure du thorax. Placez-vous du côté droit.

Si vous avez à préparer les muscles de l'anus, que le sujet soit sur le ventre & en travers, la gauche vers la fenêtre & la droite vers le mur, un billot ou une pierre sous l'os pubis, afin que l'anus soit élevé au-dessus du dos. Placez-vous en face de l'objet de votre travail.

Pour travailler les muscles des parties génitales, placez le cadavre sur le dos & en travers, la droite à la fenêtre & la gauche au mur ; un morceau de bois ou une pierre sous les vertebres des lombes pour faire saillir ces parties hors du niveau de l'abdomen, & placez-vous en face.

La dissection des muscles situés dans la partie antérieure de la tête & du col exige que le cadavre soit sur le dos, la tête vers la fenêtre & les pieds vers le mur, une pierre sous la partie pos-

térieure du col , pour l'élever en ren-
voyant la tête en arriere.

Celle au contraire des muscles situés
dans la partie postérieure de la tête &
du col , demande le cadavre sur le
ventre , la tête toujours cependant
vers la fenêtre , une pierre sous la partie antérieure du col , pour élever la
postérieure en abaissant la tête en devant.

Le cadavre & l'Anatomiste placés
commodément , il faut enlever les
parties unies aux muscles & qui les
recouvrent.

Or ces parties sont *la peau , la membrane adipeuse , le tissu cellulaire , les
vaisseaux sanguins , les nerfs , les glandes,
la membrane aponévrotique , les autres
membranes , les ligamens & les gaines
des tendons , les muscles qui en couvrent*
d'autres, quelques *os* & les *viscères*.

La peau de la tête , de la nuque ,
du dos, du thorax & des quatre extrémités , doit être coupée avec un
scalpel fort, à cause de son épaisseur;
& le scalpel doit être tenu de toute la
main.

Dans les endroits où la peau est lâche , il faut que l'Anatomiste la ten-
de avec le pouce & l'index , entre

lefquels il conduira fon fcalpel à la profondeur & à la longueur néceffaire pour découvrir le mufcle dont il a befoin.

Mais lorfque la peau eft tendue d'elle-même, comme à la plante du pied, il eft inutile de la tendre avec les doigts.

La peau de la face, des oreilles externes, du col, des parties externes de la génération, du périné & de l'anus, exige un fcalpel de moyenne grandeur, à caufe de fa fineffe & du voifinage des mufcles.

A la face, au col, aux oreilles externes, à la paume de la main, à la plante des pieds, & dans les fujets maigres au périné & à l'anus, la peau eft fort près des mufcles; ainfi il ne faut pas que l'incifion paffe la peau, de peur de léfer le mufcle.

Il faut enfuite féparer la peau des parties qui font immédiatement fous elle; c'eft-à-dire, de la membrane adipeufe & du tiffu cellulaire; ce qui fe fait en faififfant fortement avec une pincette le bord de la peau coupée & la tirant à foi, jufqu'à ce qu'il y en ait affez d'enlevé pour être faifi par la main; alors on continue d'écor-

cher en tirant de la main gauche tout
ce que la main droite divise avec le
scalpel.

La membrane adipeuse se sépare
des muscles, de la même façon qu'on
a séparé la peau d'avec elle-même.

Saisissez avec une pincette le tissu
cellulaire ; enlevez-le de dessus le
muscle & d'une extrémité à l'autre,
séparez-l'en avec le scalpel ; prenez
garde de saisir aussi avec la pincette
les fibres des muscles qui en souffri-
roient & de laisser çà & là sur le
muscle de petits morceaux de tissu qui
le défigureroient.

Les vaisseaux sanguins, les nerfs, les
glandes & toutes les parties qui sont
considérables, doivent être séparées
d'avec le muscle avant le tissu cellulaire; car on courroit risque d'endommager le muscle, si on vouloit les enlever ensemble : mais si ces parties sont
petites, on peut les enlever en même tems que le tissu.

Pour enlever la membrane aponévrotique, il faut la disséquer suivant la
direction des fibres du muscle, autrement ces fibres seroient sûrement
déchirées.

Il ne faut séparer les autres membranes des muscles qu'autant qu'elles leur sont unies lâchement ; car elles ne peuvent plus l'être dès qu'elles sont incorporées avec les muscles mêmes, & alors il faut les laisser dans leur connexion naturelle : tel est entr'autres le péritoine avec l'aponévrose du transverse de l'abdomen.

La gaine des tendons & les ligamens qui recouvrent les muscles, ne doivent pas en être séparés sur le champ ; mais il faut les disséquer eux-mêmes. C'est pourquoi il faut enlever de dessus les gaines & les ligamens, le tissu cellulaire, les vaisseaux san-guins, &c. ensuite ouvrir ces liga-mens & ces gaines, suivant la direc-tion des tendons qu'elles contiennent; puis disséquez ces tendons & coupez les fibrilles qui les unissent à la gaine, au ligament, ou à d'autres tendons.

Il y a certains muscles qui en cou-vrent d'autres par le moyen du tissu cellulaire qui les unit, ou en entier, ou en partie. Dans le premier cas, séparez le muscle qui couvre de celui qui est couvert, ce qu'on peut aussi faire dans le second cas ; mais si un muscle ne couvre qu'une légére par-tie d'un autre, alors on peut séparer

celui qui est couvert d'avec celui qui
couvre , ou l'on peut le tenir assujetti par le moyen d'un second , jufqu'à ce que le muscle couvert ait été
disséqué & éxaminé.

Si un muscle est couvert par plusieurs autres, de façon qu'ils soient
tous immédiatement unis ensemble ;
alors il faut séparer celui qui couvre de
celui qui est couvert , suivant la direction que ces fibres ont d'un muscle à
l'autre , & il faut continuer cette séparation tant qu'on pourra la faire
sans altérer considérablement des fibres.

Il y a quelques muscles couverts
par des os dans leur superficie externe ; par éxemple , le muscle crotaphi-
se par l'apophise zygomatique de l'os
temporal, le plérygoidien externe par
la machoire inférieure : en ce cas il
faut enlever l'os en tant qu'il couvre
le muscle.

Lorsqu'un muscle est attaché à l'os
dans toute son étendue , comme le
brachial interne par exemple , il est
aussi couvert par ce même os dans la
partie qui y est attachée. Dans ce
cas il faut séparer le muscle de l'os
dans la direction que les fibres ont du
muscle vers l'os , & laisser toujours le
tendon attaché à l'os.   E iiij

Quant aux muſcles dont le ventre ,
à l'aide du tiſſu cellulaire, eſt uni à
quelques os & dont les extrémités
ſont implantées immédiatement à l'os
par l'inſertion de leurs fibres dans cet
os, ils ſont couverts par cet os en
tant qu'ils y ſont attachés, & dans
ce cas il faut n'en ſéparer que le
ventre, ſans toucher aux extrémités.

Enfin il y a des muſcles couverts
par des viſceres, comme le diaphragme par les viſceres du thorax & de
l'abdomen. Il faut enlever les viſceres.

Il faut encore que la diſſection pro-
céde méthodiquement par rapport à
chaque muſcle, par rapport aux muſcles ſitués dans la même partie & enfin par rapport à tous les muſcles du
corps.

Quant à ce qui regarde la méthode de préparation *par rapport à chaque
muſcle*, on le diſſéque à une ſeule fois,
lorſque dans toute ſon étenduë, ou
dans la plus grande partie, il n'a qu'u-
ne ſurface & qu'il n'eſt couvert
par aucun ligament ni par la gaine
d'aucun tendon. Car dans ce ſecond
cas, il faut diſſéquer le muſcle à deux
fois : la premiere en tant qu'il eſt

découvert , & la seconde en tant qu'il est couvert , observant de l'étudier séparément à chaque dissection différente.

De même il faut préparer à deux fois le muscle qui a deux surfaces dans toute son étenduë ; d'abord on prépare la surface qui est à découvert & on l'examine , ensuite l'on prépare & l'on examine l'autre en le détachant de l'os par une de ses extrémités : dans quelques-uns ce doit être par l'extrémité la moins mobile , comme dans le trapeze , le très-large du dos & le rhomboïde ; par l'extrémité inférée à l'épine du dos ou par l'extrémité la plus mobile , comme dans le splénius & le complexus par celle qui est inférée à la tête , dans les obliques du bas - ventre par l'extrémité inférée aux côtes; mais si un pareil muscle est petit , tendre & adhérent à l'os par toute son autre surface , comme le pyramidal du nez , on ne prépare point cette *surface* , de peur de détruire le muscle.

La méthode de préparation *par rapport à tous les muscles situés dans une même partie* , exige que l'on aille de celui qui couvre à celui qui est cou-

vert , lorſque pluſieurs muſcles ſont
unis par quelque tiſſu cellulaire ; de
l'un à l'autre lorſqu'ils ſont immédiatement unis entr'eux & que rien n'en
empêche ; car ſi l'un de ſes muſcles
reſtoit ſeul inſéré à quelques os , alors
après la diſſection & l'examen de celui-
là , on pourroit procéder à la diſſection & à l'examen de tous les autres
qui lui ſont unis , & enſuite les ſéparer tous d'avec l'os : mais comme le
muſcle inſéré à l'os nuit à la diſſection
des autres , tant qu'il reſte uni à ſon
os , il vaut mieux alors après l'avoir
diſſéqué & examiné , le détacher de
l'os ſans le détacher d'avec ſes com-
pagnons ; ſéparer cet os des autres os
auxquels il eſt articulé , & enſuite diſſéquer en détail tous les autres muſcles unis à ce premier. Telle eſt la
méthode qu'il faut ſuivre pour préparer ces ſortes de muſcles, comme l'extenſeur droit de la jambe & l'extenſeur long du coude.

Nous détaillerons ci-deſſous au chapitre 7. la méthode de diſſection , par
rapport à tous les muſcles du corps.

Il y a encore une autre diſſection à
faire des muſcles , ſavoir celle qui
a pour objet leur *tiſſure*. Mais je n'é-

cris que pour les Commençans , &
cette matiere seroit trop au-dessus de
leur portée.

CHAPITRE CINQUIE'ME,

De l'examen des Muscles.

DE's que les muscles sont disséqués , il faut les examiner en
détail , par rapport à toutes les parties qu'ils contiennent & que nous
avons décrites an chap. 2.

Que l'Anatomiste s'attache sur-tout
à rechercher l'usage du muscle , que
M[rs]. Albinus & Winslow lui indique-
ront. Pour découvrir cet usage , on
tire le muscle du tendon vers la tète ,
ce qui se fait en lui donnant une situation contraire à son action ; par exemple, en pliant les doigts pour examiner l'extenseur commun des doigts de
la main & en ouvrant ces mêmes
doigts pour examiner leurs fléchisseurs.

Lorsqu'un muscle n'a dans toute son
étendue , ou dans la plus grande partie , qu'une seule surface , il faut le
prendre avec la main à l'endroit où

le tendon sort du ventre & le tirer
vers la tête.

Lorsque les muscles ont leurs tendons renfermés dans un ligament ou
dans une gaine, il faut les tirer avant
que de disséquer ce ligament ou cette
gaine.

Lorsque les muscles ne sont pas situés commodément pour être tirés
avec les doigts, comme les interosseux de la main, il faut les lier tout
autour à l'origine du tendon avec un
fil.

Lorsqu'un muscle a deux surfaces
dans toute son étenduë, séparez de
l'os l'extrémité la plus large, comme
dans le trapeze celle qui est insérée à
l'occiput & à l'épine du dos ; prenez-
la ensuite avec les deux mains & tirez
vers l'occiput & l'épine du dos l'autre
extrémité insérée à l'épaule.

Mais si cette extrémité est petite,
comme dans le Rhomboïde celle qui
s'insére à l'épine du dos, alors prenez un de ses bords avec une main
& l'autre avec l'autre.

Si le muscle qui a deux superficies,
est petit & tendre, & s'il est étroitement uni avec d'autres, comme l'o-
blique ou le latéral du nez, appli-

quez-y fortement le bout du manche
d'un petit scalpel à l'endroit où le
muscle s'avance de l'os vers la partie
mobile du nez, & là tirez doucement
le muscle avec ce même manche vers
son autre partie insérée à l'os.

En général, tirez fortement les muscles forts & doucement les muscles
foibles.

M. Winslow observe avec raison
que ce tiraillement est quelquefois
trompeur, & aux raisons qu'il en donne tom. 2. §. 786, on peut encore
ajouter 1°. Que ce tiraillement en
certains muscles, comme dans ceux
de l'oreille externe, est quelquefois
plus grand que leur action naturelle ;
2°. Qu'on ne peut pas toujours par
ce tiraillement mettre en mouvement toutes les parties qui doivent y
être, comme par exemple, le fémur
par l'obturateur interne ; car ce muscle ne peut pas seul mouvoir cet os :
3°. Qu'il n'est quelquefois pas possible de les approcher assez commodément pour les tirer : tels sont les petits
droits antérieurs de la tête; 4°. Que
les muscles agissent quelquefois de la
tête au tendon : (§. 90.) action qu'aucun tiraillement, du moins que je

connoiſſe , ne peut imiter. Il faut cependant bien s'en tenir à cette méthode , l'induſtrie des Anatomiſtes n'en ayant point encore inventé de meil-
leure pour découvrir l'uſage des muſ-
cles.

Les muſcles qu'on a diſſéqués à deux fois, veulent être examinés auſſi à deux fois ; en un mot, faites autant d'examens particuliers que vous avez fait de diſſections.

<hr>

CHAPITRE SIXIE'ME,

De la ſéparation des Muſcles.

LOrſque le muſcle a été examiné , on le ſépare d'avec l'os & les li-
gamens , opération qui doit ſe faire ſuivant la direction de ſes fibres vers l'os ou les ligamens.

Lorſqu'un muſcle a plus d'une tête, il faut les couper l'une après l'autre, le ventre enſuite & le tendon commun.

Lorſqu'un muſcle a pluſieurs ten-
dons , il faut les couper les uns après les autres , ſa téte enſuite & puis ſon ventre.

Lorsque plusieurs muscles sont unis entr'eux par quelque tissu cellulaire ou qu'ils sont immédiatement joints les uns aux autres, il faut les enlever ensemble, si rien n'en empêche; car il arrive quelquefois qu'il faut en séparer un d'avec l'autre ou d'avec un autre os : cependant il faut les laisser tous unis les uns aux autres & même pendant quelque tems aux os qui restent, d'avec lesquels enfin il faut les séparer tous ensemble. La raison de ce procédé est 1°. Parce qu'on ne peut gueres autrement approcher de quelques-uns de ces muscles assez commodément pour les préparer sans les altérer; & 2°. Qu'on peut par ce moyen enlever plus promptement certains os.

Il n'est pas nécessaire d'enlever les petits muscles, comme ceux de l'oreille externe, par exemple; il suffit de couper sur le cadavre la partie sur laquelle ils sont situés.

A mesure que les os sont dégarnis de tous les muscles qui les couvroient, il faut les séparer d'avec les autres os.

Observez en général de mettre religieusement dans la biere toutes les parties dont vous n'avez plus besoin.

CHAPITRE SEPTIE'ME,

De la méthode de préparer les Muscles, par rapport à eux tous.

IL faut disséquer les obliques, l'externe, l'interne, le transverse, le droit & le pyramidal dans le côté droit de l'abdomen : du côté gauche le droit & le pyramidal tous entiers, la partie des obliques & du transverse qui s'étend depuis le très-large du dos jusqu'aux côtes, à l'os des isles & à la ligne blanche.

Nota. Que nous commençons par les muscles de l'abdomen, afin d'enlever du cadavre, le plutôt qu'on peut, les visceres de cette partie, qui sont les plus prompts à se corrompre. Or pour préparer ces muscles, il faut faire une incision du côté droit au très-large du dos qui les couvre, en le conservant du côté gauche; d'où il suit qu'il ne faut disséquer les obliques & le transverse gauche, que jusqu'à cette partie.

Et comme les crémasters sont étroitement unis avec les abdominaux, ils
doivent

doivent suivre ceux - ci. Séparez-les avec précaution du scrotum , & quand vous les aurez disséqués & considérés, coupez près du bas-ventre les vaisseaux spermatiques & les déférens & enlevez-les de dessus le cadavre avec les crémasters. Enlevez ensuite tous les visceres du bas-ventre jusqu'à la vessie & à l'intestin *rectum* exclusivement , que vous laisserez dans le bassin tels que la nature les y a situés. Si votre cadavre est d'une femme , vous y laisserez la matrice avec le rectum & la vessie.

Pour dégager le cadavre des visceres du thorax , disséquez le côté du diaphragme tourné vers le bas-ventre; séparez-le des os auxquels il est attaché , & avec lui tirez de la cavité du thorax les poumons & le cœur. Vous disséquerez ensuite la surface du diaphragme tournée vers le thorax.

Suivent les muscles de l'extrémité inférieure droite en cet ordre : le petit psoas, le *fascialata* avec son muscle, les deux fessiers, l'exerne & le moyen, le couturier, le grand psoas ou le lombaire interne, l'iliaque interne, le droit interne ou grêle , le biceps , le demi-nerveux, le demi - membraneux, le pectineus, le quarré du fémur, le petit fessier, le piriforme, l'obturateur interne & le droit antérieur. Ce dernier après sa dissection & son examen, doit être séparé de l'os innominé, sans cependant l'être des autres extenseurs du tibia. Coupez en travers les ligamens qui attachent l'os fémur avec l'os innominé, & que toute cette extrémité inférieure droite séparée du cadavre & enveloppée dans un linceul, soit transportée sur une autre table.

Passez ensuite, si c'est dans un homme, du côté droit, au sphincter & au releveur de l'anus, à l'érecteur & à l'accélérateur de la verge, au transverse du périné & au spincter de la vessie. Si c'est dans une femme, de même du côté droit, au sphincter & au releveur de l'anus, au transverse du périné, à l'érecteur du clitoris & aux sphincters du vagin & de la vessie. Séparez ces parties de l'os innominé droit & enlevez l'os, sans cependant toucher à la partie de cet os qui touche l'os sacrum à laquelle font insérés le quarré des lombes & le sacro-lombaire. Laissez aussi les parties de ce même os appellées *tubérosi-té* & l'épine de l'os ischium. Disséquez ensuite au côté gauche , dans l'un & l'autre sexe , les muscles nommés ci-dessus , que vous enleverez avec les visceres de dessus l'os innominé gauche , l'os sacrum & le coccix ; & enfin vous disséquerez à gauche & à droite , dans l'un & l'autre sexe , l'ischlo-coccigien & le sacro-coccigien.

Préparez l'extrémité inférieure gauche , comme la droite ; séparez-la du cadavre & transportez-la sur la même table.

Suivent les souscutanés & les mastoidiens, afin de pouvoir enlever du cadavre les extrémités supérieures.

Passez ensuite aux muscles de l'extrémité supérieure droite , le trapeze , le rhomboide , le releveur de l'épaule , le coracohyoidien ou l'omohyoidien , le grand pectoral , le petit pectoral, le sous-clavier & le très-large du dos. Séparez la claricule du sternum. Disséquez le grand dentelé ; tous ces muscles étant disséqués , examinés & séparés du cadavre , toute cette extrémité se trouvera dégagée jusqu'aux nerfs & aux vaisseaux sanguins situés,

fous l'aiffelle ; vous couperez ces vaiffeaux pour pouvoir tranfporter cette extrémité fur une autre table. Préparez de
même tous les mufcles qui attachent
au tronc l'extrémité gauche , fur-
tout le très-large du dos qui eft tout
entier de ce côté , dont cependant
vous laifferez l'aponévrofe unie au
dentelé poftérieur ou inférieur , en
coupant la partie charnue de ce dernier mufcle. Vous enleverez après cela toute cette extrémité, que vous por-
terez à côté de l'autre.

Nota. Il faut réferver les autres mufcles des quatre extrémités pour la fin
du travail , parce qu'ils fe corrompent
moins vîte que les mufcles de la tête
& du tronc.

Il faut donc paffer du côté droit
ou du côté gauche , n'importe, aux
dentelés poftérieurs , fupérieurs & inférieurs , au fplénius , aux complexus
grand & petit , aux droits de la tête,
grand & petit, aux obliques de la tête ,
le fupérieur & l'inférieur , au facro-
lombaire , au très - long du dos , ou
long dorfal , au grand épineux du
dos , au grand tranfverfe du col , au
tranfverfe grêlé du col , aux petits épineux ou aux inter-épineux du col ,
du dos & des lombes.

Nota. Que les quatre extrémités étant enlevées, l'on peut continuer la diffection des mufcles attachés au tronc, ou en defcendant de la tête vers les os du baffin, ou en montant de ceux-ci vers la tête. La premiere de ces marches eft la plus laborieufe, parce qu'elle conferve plus long-tems beaucoup & de grands os. Je lui ai donc préféré la feconde.

Suivent d'abord à droit & enfuite à gauche, le quarré des lombes, & les intertranfverfaires : vous enleverez après du cadavre les os du baffin & les vertebres des lombes, en féparant la derniere de celles-ci d'avec la premiere du thorax.

Paffez enfuite d'abord à droite, & puis à gauche, aux fuper-coftaux & aux intertranfverfaires du thorax.

Suivent de l'un & de l'autre côté les intercoftaux internes & externes. Séparez la partie cartilagineufe d'avec la partie offeufe des côtes, depuis la troifiéme jufqu'à la dixiéme, de part & d'autre du thorax. Coupez le fternum en travers au-deffous de fon union avec la feconde côte droite & gauche. Difféquez les triangulaires du fternum, & en écartant cet os, les fouf-

côtaux ; après quoi vous enleverez de
part & d'autre les dix côtes inférieures avec les huit vertebres inférieures
du thorax , après avoir séparé la cinquiéme d'avec la quatriéme.

Vous passerez ensuite à droite &
puis à gauche au sternohyoidien , au
sternothyroidien & aux scalenes. Coupez de part & d'autre de dessus les
vertebres la premiere & la seconde côte , que vous enleverez avec la partie du sternum qui leur est attachée.
Disséquez le long fléchisseur du col ,
& l'enlevant de dessus les vertebres ,
vous séparerez après la premiere vertebre du thorax d'avec la derniere du
col & vous l'enleverez avec les trois
suivantes.

Se présentent ensuite les frontaux &
les occipitaux.

Que suivent le releveur de l'oreille
externe droite , l'antérieur , le postérieur , le tragien & l'anti-tragien, enlevez cette oreille de l'os temporal
droit; & après avoir disséqué les muscles de l'oreille externe gauche , enlevez-la aussi.

Disséquez ensuite les muscles de la
face , à droite & puis à gauche , l'orbiculaire des paupieres , l'antérieur ,

le latéral & le tranſverſe du nez , le ſphincter de la bouche , les deux zygomatiques grands & petits,(il y a des ſujets qui en ont trois , & d'autres qui n'en ont qu'un) le buccinateur , les trois inciſifs , le latéral ou externe , les deux internes , qui ſont auſſi nommés moyens , l'un de la lévre ſupérieure & l'autre de la lévre inférieure le canin , le quarré & le triangulaire. On pourroit ici rapporter le frontal , mais nous en avons parlé plus haut. Le peaucier appartient auſſi aux muſcles des lévres ; mais il en a été fait mention ci-devant. Paſſez enſuite à certains muſcles de la mâchoire inférieure ; ſavoir aux maſſeters qu'il faut enlever après les avoir examinés. Vous diſſéquerez après les temporaux qui ſervent à la mâchoire inférieure , que vous couperez pour diſſéquer les os du crâne & enlever le cerveau.

Suivent les muſcles des yeux ſitués dans les orbites , emportez la partie extérieure de l'orbite droite & la paupiere inférieure : enlevez la graiſſe qui environne le releveur de la paupiere ſupérieure , en obſervant ſon attache à cette paupiere , & enlevez-les enfemble. Difféquez après l'oblique fupérieur , fans féparer fa poulie ou fon anneau de l'orbite : Suivent après les droits fupérieur , inférieur , interne , externe & enfin l'oblique inférieur. Séparez de la bafe du crâne la partie de l'orbite gauche qui y eft située , fans cependant toucher à fon bord , & difféquez les mufcles comme dans l'œil droit.

Nota. On peut démontrer ainfi , & je le fis l'an paffé dans mon amphithéâtre anatomique , l'action des mufcles de l'œil. Ouvrez le crâne d'un cadavre frais ; tirez-en le cerveau , ainfi que la partie fupérieure de l'orbite droite fituée dans fa bafe , fans toucher à fon bord ni à la peau de la face , & fur-tout à celle des paupieres , ni à la membrane qui s'étend depuis la furface interne des paupieres jufqu'à l'œil. Quant à la graiffe fituée entre les mufcles , emportez-en autant qu'il fera néceffaire pour découvrir ceux-ci. Prenez enfuite des fils de différente couleur ; & avec une aiguille courbe , paffez-en une autour, & liez le releveur de la paupiere fupérieure , non loin de l'endroit où il s'y infére. Faites-en autant avec différens fils aux

quatre

quatre muscles droits & à l'oblique inférieur à leur insertion dans l'œil. La
ligature de ce dernier muscle est un
peu difficile, à cause qu'il est situé
fort avant dans l'orbite, & couvert
par l'œil même & les autres muscles.
Passez un fil au travers de la paupiere
inférieure & de la peau de la face, à
la partie du bord de l'orbite où le
muscle s'insére, & laissez pendre ce
fil sur le visage. Observez aussi de
lier l'oblique supérieur à la partie de
son tendon qui est entre la partie charnuë & l'anneau. Placez tous vos fils,
excepté celui de l'oblique inférieur, à
côté l'un de l'autre dans la base du
crâne, & souvenez-vous de la couleur du fil de chaque muscle. Liez de
même tous les muscles de l'orbite gauche, en observant de mettre des fils
de même couleur aux muscles du même nom. Disposez les yeux de façon
qu'ils ne soient tournés ni en haut ni
en bas, ni vers le nez, ni vers l'angle de l'orbite, mais qu'ils soient dans
la situation mitoyenne entre toutes
celles-là ; couvrez-les ensuite entiérement en joignant les paupieres.

Tous ces préparatifs faits, tirez en
même tems les fils attachés aux rele-

veurs des paupieres supérieures, elles se séparéront des inférieures, & l'œil sera à découvert. Donnez ces fils à un second qui les tienne toujours tendus pendant votre démonstration.

Tirez les fils des supérieurs droits, & les yeux s'éleveront : relâchez ces fils, & tirez ceux des inférieurs droits, les yeux s'abaisseront ; relâchez ces fils, & placez les yeux dans la situation qu'ils avoient avant que vous eussiez mis en action les releveurs des paupieres supérieures, & tirez en même tems le fil du droit externe de l'œil droit, & du droit interne de l'œil gauche ; l'œil droit sera tourné en dehors, & le gauche en dedans : relâchez-les, & tirez les fils des obliques.

Passez ensuite à droite & à gauche, au digastrique que suivront de l'un & de l'autre côté le mylohyoidien, le stylohyoidien & le genyohyoidien. Nous avons parlé du coracohyoidien, où nous avons traité des muscles qui attachent l'extrémité supérieure au tronc ; car ce muscle étant inséré à l'os hyoide & à l'épaule, unit aussi-bien l'os hyoide à l'extrémité supérieure qu'il unit ce le-ci à l'os hyoide. Le sternohyoidien unit l'os hyoide au sternum ; c'est pourquoi nous l'avons mis au rang de ceux qui unissent le col au thorax.

L'hyothyroidien ou le thyrohyoidien trouvera sa place ci-dessous, parmi les muscles du larynx.

Faites succéder à ceux-là, du côté droit, le styloglosse, le myloglosse, le génioglosse, l'hyoglosse, le glosso-staphylin : préparez ce dernier dans la cavité du gosier ; car l'apophyse styloide de l'os des tempes & la ma-choire inférieure empêchent d'appro-cher de la surface de ce muscle située extérieurement au gosier. Séparez 1°. Le styloglosse de l'apophyse sty-loide de l'os temporal droit, 2°. Le myloglosse & le génioglosse de la ma-choire inférieure, 3°. Le génioglosse droit du génioglosse gauche., & di-visez la langue de la pointe à la base. Faites-en autant du côté gauche. Ap-pliquez ici au glossostaphylin gauche ce que nous avons dit du droit. Brisez la machoire inférieure à l'endroit où elle est divisée dans sa symphise, sans pourtant séparer de la partie gauche de cet os le génioglosse gauche. Ecar-

tez la partie droite de la machoire inférieure, & qu'un Aide vous la tienne en cet état, fans féparer d'avec elle le mylopharyngien droit; écartez
auffi la partie droite de la langue
d'avec la gauche, & examinez quelle eft la direction des fibres du géniogloffe gauche. Cafferius l'a très-bien
indiqueé, de organ. guft. tab. 4. fig. L.
(& Cowper l'a manqué, myograph.
tab. 28. fig. 1.) parce qu'il deffina
les géniogloffes après leur féparation
d'avec la machoire inférieure, état
dans lequel n'étant plus inféré à la
machoire inférieure, leurs fibres fe
contractent vers le milieu du mufcle.
Enlevez de deffus la mâchoire inférieure le géniogloffe & le mylogloffe
gauches, & de deffus l'apophyfe fty-
loide du temporal gauche le ftylo-
gloffe gauche; laiffez unis entr'eux
les gloffoftaphylins avec les pharyn-
goftaphylins à caufe de leur intime
connexion. Que la langue demeure
pareillement unie à l'os hyoide; car
quoiqu'il ne vous refte plus en elle
aucun mufcle à difféquer, & qu'elle
ne foit unie avec aucun mufcle, foit
du pharynx, foit du larynx, affez intimement pour craindre d'endomma-

ger ces muscles en séparant la langue d'avec eux ; cependant elle peut servir à l'Anatomiste pour disséquer & examiner les muscles supérieurs du pharynx, desquels il approchera plus aisément, en tirant la langue tantôt en devant & tantôt de côté.

Suit le Ptérygoidien externe droit. Enlevez de la partie droite de la machoire inférieure l'apopyhse appellée *coronoide*, avec la partie de cet os qui l'avoisine. Ce muscle étant disséqué & examiné, enlevez-le pour arriver au ptérygoidien interne droit, que vous préparerez dans sa partie qui touche le ptérygoidien externe ; car on ne peut pénétrer aisément à son autre partie couverte par le styloipharyngien & le mylopharyngien du côté droit, muscles qui n'ont point encore été disséqués ni séparés des os. En attendant, préparez donc cette partie interne, autant que vous le pourrez ; enlevez-le ensuite de la machoire inférieure, de l'os sphénoide & de la machoire supérieure, prenant garde de ne point endommager les muscles du pharynx.

Viennent ensuite du côté droit le cricopharyngien, le thyropharyngien, l'hyopharyngien & le stylopharyngien.

L'apophyse styloide de l'os temporal droit doit être séparé d'avec cet os auprès de sa racine, parce que la situation de cette apophyse qui s'étend de l'os temporal en dessous & un peu en devant, empêcheroit l'Anatomiste d'approcher des autres muscles du pharynx. Disséquez après le mylopharyngien, que vous séparerez de la partie droite de la mâchoire inférieure, partie que vous séparerez aussi de l'os temporal. Suit la préparation du pharyngostaphylin droit, qui doit se faire dans la cavité du gosier. Au dehors du gosier, préparez autant que vous le pourrez, le pétropharyngien, le sphænopharyngien, le plérygopharyngien & le céphalopharyngien droits; Disséquez du côté gauche les muscles du même nom & dans le même ordre, observant cependant de ne point séparer de l'os temporal gauche la partie gauche de la mâchoire inférieure, afin que vous puissiez y disséquer & examiner les muscles ptérygoidiens; Enfoncez votre scalpel dans la cavité du gosier, & tranchez de part & d'autre, non pas cependant vers le voîle du palais, mais vers la langue & la troisiéme vertébre du col, les mus-

cles qui attachent la langue & le pharynx à la luette, ainsi que ceux qui
attachent le pharynx aux os du crâne,
& dont nous venons de parler : Par ce
moyen le pharynx, le larynx avec la
langue & ses connexions, se trouveront séparées de la tête & des vertébres du col. Séparez ensuite à droite
de la trachée artére, du larynx, de
l'os hyoide & de la langue, le pharynx, afin que vous puissiez préparer
la surface interne de ses muscles. Puis
séparez-les du côté gauche d'avec les
mêmes parties que nous venons de
nommer, afin de disséquer & d'examiner avec plus d'aisance & d'exacti-
tude les muscles du larynx que voici :
à droite & à gauche, le thyrohyoidien, le cricothyroidien, le cricoary-
ténoidien, le postérieur, le latéral, l'aryténoidien & le thyroé-
piglottique. Brisez le cartilage cricoi-
de postérieurement & longitudinale-
ment, dans la ligne qui sépare les
cricoaryténoidiens postérieurs. Conti-
nuez cette incision par les muscles ary-
ténoidiens & entre les cartilages aryté-
noides. Qu'on vous tienne ouvertes
les parties du larynx divisées, afin que
vous puissiez approcher des thyroary-

ténoidiens pour les disséquer & les
examiner. Après cela mettez dans la
biere le larynx & la langue. Les ster-
notyroidiens appartiennent à la vérité
aux muscles du larynx ; mais nous les
avons disséqués , parce qu'ils sont du
nombre de ceux qui attachent le col
au thorax , & qu'il a conséquemment
fallu préparer long-tems avant les muscles du larynx. Il faut pour cette préparation enlever du cadavre la premiere & la seconde côte de chaque
côté , & les quatre vertébres du dos;
par ce moyen on avance & on rend
plus facile la préparation & l'examen
des autres muscles.

Venez ensuite aux ptérygoidiens
gauches. Tirez vers l'oreille gauche
la partie de la mâchoire inférieure,
& que quelqu'un vous assujettisse cette partie en cet état, tandis que vous
préparerez & examinerez ces muscles
dans la partie interne tournée vers le
gosier. Ces muscles étant séparés des
os, emportez de dessus l'os temporal
gauche la partie gauche de la mâchoire inférieure , dont les autres muscles,
savoir les temporaux & les masseters
ont été disséqués avec les muscles de
la face; car quoique ces muscles par

leur fonction appartiennent à la mâchoire inférieure, on les place aussi parmi ceux de la face. Les digastriques ou abbaisseurs de la mâchoire supérieure ont aussi dûs être préparés ; autrement l'Anatomiste n'auroit pû parvenir ni aux autres muscles de l'os hyoide, ni aux muscles de la langue, ni aux muscles supérieurs du pharynx.

La mâchoire inférieure, les muscles supérieurs du pharynx, &c. une fois enlevés, se présentent les droits antérieurs de la tête, grand & petit. Le droit & le latéral ou transverse doivent être disséqués & examinés à droite & à gauche.

Suivent de chaque côté les intransversaires du col : séparez de l'occiput la premiere vertébre du col, & l'apophyse odontoide de la seconde vertébre d'avec le grand trou de l'occiput. Enlevez toutes les vertébres du col, & disséquez à droite & puis à gauche, le salpingo-ptérygo-staphylin externe, le salpingo-staphylin interne & le staphylin. Afin de les approcher plus commodément, enlevez l'occiput, ne laissant que sa partie ou apophyfe antérieure unie à l'os fphénoide & aux parties pierreufes des os temporaux. Enlevez auffi les parties des mufcles du pharynx qu'on avoit laiffées à la tête, en examinant leur infertion à la tête, examen qu'on n'a pû faire ailleurs. Suivent les mufcles de la trompe d'Euftachi, & de la luette, defquels nous venons de parler. Enlevez enfin de deffus les os temporaux les os de la mâchoire fupérieure, ainfi que ceux qui reftent du crâne.

Suivent les mufcles des oreilles internes. Dans la droite l'antérieur ou externe, découvert par Folius; l'autre externe ou fupérieur, dont la découverte eft attribuée par les uns à Cafferius, & par d'autres à Fabrice d'aquapendente. Pour préparer ce dernier, il faut enlever la parois antérieure du conduit auditif offeux externe. Suit la diffection de l'interne du marteau pour laquelle il faut enlever la parois fupérieure de la cavité du tympan ; celle du mufcle de l'étrier pour laquelle il faut enlever la membrane du tympan, le marteau & l'enclume, & enfuite ouvrir le canal dans lequel ce mufcle eft caché. Difféquez de même les mufcles de l'oreille gauche,

& enlevez - les toutes deux.

Restent les autres muscles des extrémités supérieures & inférieures. Dans la supérieure droite, disséquez le deltoïde, & séparez le clavicule d'avec l'épaule. Suivent le grand & le petit rond, le sousépineux, le coracobrachial, le biceps qu'on doit enlever de dessus l'épaule, après qu'on a disséqué & considéré depuis les deux têtes jusqu'à celui de ses tendons qui est inféré au tubercule du radius, sans toucher à son autre tendon inféré au radius même, parce qu'il est couvert par d'autres muscles. Suit le grand Anconé ou extenseur long du coude ; après qu'on l'aura préparé & considéré depuis l'épaule jusqu'aux autres extenseurs du coude, il faut l'enlever de dessus l'épaule, le laisser attaché aux autres extenseurs du coude, & enlever l'épaule de dessus l'humerus. Disséquez ensuite l'Anconé externe ou court extenseur du coude, l'Anconé interne ou brachial externe, le petit Anconé, le Supinateur long, le palmaire long, l'aponévrose située dans la paume de la main, le palmaire court, le radial interne, le cubital interne, le pronateur rond, le

radial externe & le cubital externe, le
sublime jusqu'aux gaines de ses tendons, le profond & les lombricaux.
Ouvrez les gaines des tendons, & disséquez l'extenseur commun des doigts,
que vous enleverez de dessus l'humerus, le laissant cependant uni aux extenseurs de l'index & du petit doigt,
& le supinateur court. Ici le tendon
du biceps est à découvert ; préparez-
le donc & le séparez après du radius.
Disséquez le brachial interne ; séparez
l'humérus du cubitus & du radius, &
préparez ensuite l'extenseur de l'index, l'extenseur du petit doigt, les
extenseurs du pouce, le fléchisseur
long du pouce, le pronateur quarré.
Séparez du carpe le cubitus & le radius. Disséquez les muscles situés dans
la main droite, & enlevez-la. Faites,
si vous le voulez, car cela n'est pas
nécessaire, sur l'extrémité supérieure
gauche, ce que vous avez fait sur la
droite ; & soit que vous la prépariez,
ou non, séparez-la ainsi que la droite.

Passez enfin aux muscles qui vous
restent dans les extrémités inférieures;
dans la droite, au crural, aux vastes
interne & externe, aux gasterocné-
miens, interne & externe, au plan-

taire, à l'aponévrose de la plante du pied & au poplité. Séparez le fémur & la rotule du tibia & du péroné. Disséquez ensuite le folaire, le jambier antérieur & le péronier postérieur depuis fa tête jufqu'à la partie de fon tendon, qui s'avance au-deffous de la malléole externe jufqu'à la plante du pied où il eft couvert par d'autres mufcles, après la diffection defquels vous y reviendrez. Séparez le péronier postérieur de l'extrémité supérieure du péroné jufqu'au tarfe. Disséquez-le enfuite, ainfi que l'extenfeur long des doigts, le troifiéme péronier, l'extenfeur long du pouce, le fléchiffeur court des doigts, ce dernier jufqu'aux gaines de fes tendons, que vous difféquerez & examinerez. Suit le fléchiffeur long des doigts, le mufcle acceffoire de ce mufcle, les lombricaux ; les gaines des tendons étant ouvertes, le fléchiffeur long du pouce, le jambier poftérieur. Séparez le tibia & le péroné du tarfe. Préparez enfuite le tranfverfal du pied, les mufcles du pouce & du petit doigt fitués dans la plante & fur les bords du pied ; enfin difféquez l'extenfeur court du pouce, l'extenfeur des quatre doigts, les inter-offeux, & enlevez le pied droit. Préparez de même les muscles de l'extrémité inférieure gauche, fi vous le jugez à propos.

LIVRE SECOND

De l'Ostéo-tomie, de la Chondro-to-mie, de la Desmo-tomie, &c.

Ou de la maniere de disséquer les Parties rélatives aux Os frais.

C'Est là le nom que nous donnons à la partie de l'*Anthropotomie*, qui indique les moyens de rechercher les parties relatives aux os frais : telles font le *Périoste*, les *Ligamens*, les GLAN-DES *synoviales*, les *Cartilages*, l'*Intérieur des os*.

Nous supposons, outre les connoissances qu'on peut avoir prises de ces parties dans le Traité de M. WINSLOW, qu'on ait aussi lû les Observations de GAGLIARDI & de CLOPTON-HAVERS sur les os ; & nous renvoyons pour la description des ligamens, à l'His-toire quen a donné WEITBRECHT, la croyant d'autant plus utile, qu'il y a joint des Planches qui représentent presque tous les ligamens dans leur grandeur & leur situation naturelles.

On doit consulter ce qui a été dit

fur la Diſſection des muſcles dans le
Ch. 1. 2. 3. &c. du 1. Liv. & l'appliquer aux ligamens.

Voici l'ordre qu'on peut ſe preſ-
crire dans la recherche des parties
relatives aux os frais. 1o. *Découvrir l'os duquel on veut examiner les
parties, & tous les autres os qui ont quelque rapport avec lui, ou qui peuvent en fa-
ciliter l'examen. 2o. Suivre les tendons des
muſcles qui s'inſerent à cet os, afin de découvrir comment les fibres tendineuſes s'en-
trelaſſent avec le tiſſu cellulaire & les vaiſſeaux qui ſe rendent dans l'os, pour former la membrane qui l'environne. 3o. Ra-
tiſſer l'os dans la partie moyenne, pour s'aſ-
ſurer de l'épaiſſeur du périoſte, en obſervant
de ne point enlever le périoſte juſqu'aux extrémités de l'os unies avec d'autres par des
ligamens, afin de ne point détacher ces ligamens. 4o. Examiner les ligamens ; & lorſqu'ils environnent les articulations, obſerver les endroits où ils ſont plus forts, plus
garnis de filets : enlever ces filets peu à peu,
pour découvrir la membrane qui environne
toutes les articulations, ſans l'ouvrir, &
voir comment cette membrane qui ne paroît
être qu'un tiſſu cellulaire ſerré, empêche la
ſynovie de s'écouler des articulations. 5o.
Ouvrir cette membrane pour obſerver dans*

l'articulation

l'articulation les glandes synoviales placées le long de cette membrane, dans les endroits où elle est adhérente aux os ; celles qui sont placées dans des cavités particulieres des os, le long des ligamens & des cartilages qui se trouvent dans ces articulations ; enfin les cartilages qui revêtent les extrémités des os articulées les unes avec les autres, leur étenduë, leur épaisseur, &c. 6°. L'os étant ainsi séparé des autres, le scier dans le sens le plus favorable pour en voir la structure intérieure.

CHAPITRE PREMIER,

De l'Oste'otomie, &c. de l'Extrémité supérieure.

§. I.

De la Clavicule.

Ecouvrez les deux claviculés, le sternum, les omoplates & la partie supérieure de l'humérus. Décharnez ces parties grossiérement ; observez de ne point endommager les articulations ; suivez les tendons du muscle sterno & clino-mastoidien jus-

H

qu'où ils s'implantent dans la clavicule ; ratiffez la clavicule dans fa partie
moyenne ; détachez-en le périofte jufqu'à fes extrémités où font attachés
fes ligamens ; préparez les ligamens
de l'extrémité de la clavicule articulée avec le fternum, & vous découvrirez facilement, pour peu d'attention que vous y apportiez, 1º. Le Ligament *inter-claviculaire* fitué tranfverfalement fur la partie fupérieure du
fternum, dont il imite la courbure,
& qui s'épanouit de part & d'autre fur
la partie fupérieure de l'extrémité fternale de la clavicule. 2º. Le Ligament
cofto-claviculaire fitué entre la partie inférieure de la portion fternale de la
clavicule & la fupérieure du cartilage
qui unit la premiere cofte au fternum.
3º. Le Ligament *fterno-claviculaire* dont
les filets font épanouis antérieurement
& poftérieurement fur la membrane
qui environne l'articulation : détachez ces ligamens avec attention ;
obfervez leur *tiffure*, & en levant les
Filets du *fterno-claviculaire*, vous verrez au-deffous la Membrane *capfulaire* ;
vous trouverez ces *filets* adhérens
autour d'une Lame *cartilagineufe* fituée
entre l'extrémité de la clavicule & le

fternum. Ouvrez de part & d'autre,
& autour de cette lame la MEMBRANE
capfulaire ; confidérez les *petits* GRAINS
rougeâtres qui environnent cette membrane partout où elle eft adhérente à
la clavicule & au fternum. Ce font
les GLANDES *fynoviales.* La clavicule &
la lame cartilagineufe ainfi détachées,
examinez l'*épaiffeur* , la *tiffure*, &c. de
cette lame , & vous la trouverez *fi-*
breufe ; telle cependant qu'elle paroît
participer de la ftructure du ligament
& du cartilage, fans qu'on puiffe dire abfolument qu'elle foit ni *cartilagi-*
neufe ni *ligamenteufe.*

Après avoir ainfi examiné l'extrémité fternale de la clavicule , vous pouvez féparer du tronc l'extrémité fupérieure ; de-là paffer à la recherche des
ligamens de l'extrémité humérale de
la clavicule , & vous trouverez un
grand nombre de FILETS *ligamenteux* ,
qui fupérieurement traverfent de l'extrémité de la clavicule vers l'acromion ; d'autres plus courts & moins
nombreux qui environnent le refte de
l'articulation. Enlevez ces filets , &
vous découvrirez qu'ils font adhérens
fupérieurement à une MASSE *cartilagi-*
neufe , qui quelquefois fe trouve entre

l'acromïon & la clavicule ; & en dégageant tous ces filets autour de l'articulation, vous verrez cette LAME *cartilagineuſe* moins épaiſſe inférieurement, & attachée de part & d'autre par la membrane capſulaire à la clavicule & à l'omoplate. Ouvrez cette membrane, & vous découvrirez les GLANDES *ſynoviales.* Examinez cette *lame* & *l'épaiſſeur* des cartilages qui couvrent l'acromion & la clavicule dans l'endroit où ils ſont articulés ; enſuite vous découvrirez facilement le LIGAMENT *rond* ou *conoide*, formé en partie par le LIGAMENT *propre & poſtérieur* de l'omoplate ſitué entre l'apophiſe coracoide & la tubéroſité qui s'obſerve à la partie poſtérieure de la courbure de la portion humérale de la clavicule ; vous verrez encore le LIGAMENT *trapezoide*, qui de la partie moyenne & ſupérieure de l'apophiſe coracoide s'éleve vers le précédent, & s'attache à la tubéroſité qui s'obſerve à la face inférieure de la portion humérale de la clavicule. Coupez ces ligamens, ſéparez la clavicule & la ſciez en long pour en examiner *l'intérieur.*

§. II.

De l'Omoplate.

Le LIGAMENT *propre* & *antérieur* de l'omoplate, ou le *triangulaire*, se présente lorsqu'on a enlevé la peau & le tissu cellulaire au-dessus des éminences acromion & coracoide, entre lesquelles il est situé : examinez-le & le coupez ; enlevez les muscles qui remplissent les fosses de l'omoplate ; dégagez les tendons de ces muscles qui environnent l'articulation de l'omoplate avec la tête de l'humérus, sans intéresser les FILETS *ligamenteux* de cette articulation ; alors vous verrez le LIGAMENT *propre* & *postérieur* de l'omoplate situé entre la partie postérieure de l'apophyse coracoide & la portion de la côte supérieure de l'omoplate qui forme l'échancrure qui s'observe à la partie postérieure de l'apophyse coracoide : suit le *grand* LIGAMENT *capsulaire* ou *orbiculaire*, qui environne le ligament articulaire de l'humérus avec l'omoplate : observez les FILETS *ligamenteux* qui de part & d'autre fortifient ce ligament ; enlevez-les peu à

peu, & vous verrez à la partie postérieure de l'apophyfe coracoide un tiffu cellulaire ferré, épars fupérieurement fur ces filets & au-deffous; l'efpèce de bride qui retient le tendon
du biceps qui traverfe l'articulation,
en s'infinuant dans les cellules de la
Membrane *capfulaire*, que vous trouverez immédiatement autour de ces
filets. Après avoir ouvert cette Capsule, remarquez les Glandes *fynoviales*, le Rebord en partie *ligamenteux* &
en partie *cartilagineux* qui environne la
cavité glenoide de l'omoplate, & en
augmente la capacité; la *finuofite* par
laquelle s'infinue le tendon du biceps,
enfin la différente *épaiffeur* des cartilages qui tapiffent la cavité glenoide &
la tête de l'humérus. Cela fait, féparez l'omoplate; faites-en différentes
coupes, une *horizontale* en fciant en
deux fon épine, & une *verticale* qui
divifera en deux la partie la plus épaiffe de l'omoplate, comme la portion
qui forme la cavité glénoide, la côte inférieure, *&c.* & examinez-en la
tiffure intérieure.

§. III.

Des Ligamens des Tendons des Muscles de la Main.

Il est à propos avant que de découvrir les ligamens qui environnent l'articulation de l'avant-bras avec l'humérus & avec le carpe , de disséquer 1°. Les Gaines *ligamenteuses qui se rencontrent sur le dos & en dedans de la main ,* 2°. *les* Expansions *ligamenteuses du dedans de la main ,* 3°. *enfin les* Gaines *ligamenteuses qui environnent les tendons autour & le long de la partie interne de chaque doigt de la main.* Levez donc pour cet effet, la peau, la graisse & le tissu cellulaire qui environne l'avant-bras , la main & les doigts, en faisant attention de ne point détruire ces ligamens qui sont plus ou moins *cutanés* , suivant que le sujet sur lequel on les prépare est plus ou moins gras : vous découvrirez alors une espèce de Membrane *ligamenteuse* qui environne les muscles de l'avant-bras & leurs tendons autour de la main ; & comme les Filets *transversaux* de cette membrane sont plus remarquables au - dessus &

au-deſſous du carpe , on les a pris
pour un LIGAMENT *annullaire particulier.*
En examinant ce ligament ſur le dos
de la main , vous trouverez une ſuite
aſſez étenduë de *filets tranſverſaux* ſupérieurement , & *obliques* inférieurement , auſquels on a donné le nom
de LIGAMENT *dorſal commun* du carpe ,
ou de LIGAMENT *tranſverſal externe* du
carpe : en détruiſant peu à peu ces filets , qui d'un côté paroiſſent attachés
à l'apopyhſe ſtyloïde du radius , &
de l'autre au troiſiéme & quatriéme os
du carpe, & au plus petit os du métacarpe , *&c.* Vous verrez les plus
intérieurs intimement unis avec les
gaines des tendons ; ils vous paroîtront même les former ; vous verrez,
outre cela , ſur le dos de la main , au-
deſſous du ligament dorſal, des FILETS
ligamenteux , *obliques* , qui d'un côté
s'inſérent dans l'os du métacarpe du
doigt auriculaire, le confondent avec
le muſcle abducteur de ce doigt ,
couvrent le muſcle abducteur du doigt
index par ſon autre extrémité , forment les petites gaines des muſcles extenſeurs du pouce de la main , & ſe
continuent à la membrane externe du
muſcle adducteur du pouce de la
main.

main. En examinant la main en dedans, vous obferverez vers le poignet
le LIGAMENT *annulaire commun* du Carpe, ou le LIGAMENT *palmaire* ; il n'eft
pas directement dans la paume de la
main ni fur le Carpe, mais un peu
au-deffus de fon articulation fur la
partie inférieure de l'Os radius & de
l'Os cubitus ; vous verrez les FILETS
ligamenteux des Mufcles abducteurs du
pouce, & une APONEVROSE *ligamenteufe* du tendon du Cubital interne &
de l'Os piſiforme, s'unir à celle de
ce Ligament, au-deffous du tendon
du Palmaire ; & enfin l'APONEVROSE
palmaire, les FILETS *ligamenteux* qui la
traverfent inférieurement ; c'eft-à-dire au-deffus des doigts de la main,
les petits LIGAMENS *annulaires* qui environnent les tendons autour des articulations des trois phalanges de chaque doigt de la main, les GAINES *li-
gamenteufes* qui dans la premiere phalange des doigts de la main font
fituées le long du corps de cette phalange, font très-épaiffes & compo-
fées de FILETS *demi-circulaires* ; un LI-
GAMENT *croifé* entre le bord inférieur
du Ligament précédent & l'articulation de la premiere phalange des

I

doigts de la main avec la moyenne,
ou plutôt *deux trouffeaux* de Fibres qui
fe divifent obliquement, & font tra-
verfées par d'autres Fibres. Vous ne
trouverez quelquefois fur le doigt auriculaire qu'*un trouffeau* qui defcend du
bord interne de ce doigt vers l'externe ; vous verrez de plus fur la feconde phalange des quatre doigts de la
main un LIGAMENT *vaginal*, plus court
que celui de la premiere phalange, &
un LIGAMENT *croifé*, ou bien *un trouffeau plus fort* ; mais comme le pouce
de la main eft autrement conftruit
que les doigts de la main, fa GAINE
ligamenteufe eft auffi moins longue que
celle des autres doigts de la main ;
le TROUSSEAU *oblique* qui eft au-deffous, & qui tient lieu de Ligament
croifé, eft plus fort & plus étendu.
Vous devez remarquer au refte, que
les intervalles qui font entre tous ces
Ligamens particuliers, font remplis
d'un tiffu cellulaire ferré qui les fait
paroître continus, & en les détruifant
avec attention, vous verrez au-deffous le tiffu cellulaire former autour
des tendons des mufcles une efpèce
de MEMBRANE *capfulaire* qui retient la
fynovie qui les humecte ; en ou-

vrant cette membrane, vous obſerverez en dedans les GLANDES *ſyno-*
viales. Après avoir enlevé les filets du
Ligament palmaire, l'Aponévroſe palmaire, les Filets ligamenteux des muſcles abducteurs du pouce, une Aponévroſe ligamenteuſe du tendon du
Cubital interne & de l'Os piſiforme,
les Inſertions du Muſcle abducteur du
pouce de la main, il ſe préſente, 1°.
un amas de fibres très-épaiſſes & très-
étroitement unies qu'on nomme LI-
GAMENT *interne,* ou *annulaire,* ou *tranſ-*
verſal du Carpe, qui s'attache principalement d'un côté à l'Apophyſe unci-
forme du huitiéme os du Carpe , &
de l'autre à une autre éminence du
cinquiéme os ; 2°. Des *Trouſſeaux* de
fibres qui ſe rendent de l'os piſi-forme
dans ce Ligament; 3°. Un autre *Trouſ-*
ſeau, qui de l'os piſi-forme ſe rend à
l'os unci-forme ; 4°. Le *Ligament* qui
unit l'os piſi-forme à l'os du Métacarpe, qui répond au petit doigt de la
main ; 5°. Le *Ligament palmaire* du
pouce de la main, qui unit ſon os du
métacarpe à l'os trapéze ; 6°. Le LI-
GAMENT *tranſverſal,* qui unit l'os du
métacarpe du petit doigt à l'os crochu ; 7o. Le *Ligament latéral interne* de

l'os du métacarpe du pouce, qui unit cet os à l'os trapéze. Levez les filets de ces ligamens, & après avoir détruit le ligament transversal du carpe, levez les tendons qui passent sous ce ligament pour se rendre aux doigts de la main ; dégagez ces ligamens dans les endroits où ils vont s'insérer à la seconde & à la troisiéme phalange des doigts de la main ; observez au-dessous du tendon du muscle perforé & du perforant le LIGAMENT *court* de chacun de ces tendons , & un *autre un peu plus long* , mais qui n'est pas si constant , nommé le LIGAMENT *long*; ces ligamens sont comme autant de petites brides qui retiennent ces tendons. Après avoir examiné ces ligamens, vous pouvez passer à la préparation des ligamens qui unissent le radius & le cubitus à l'humérus.

§. IV.

DÉS LIGAMENS *des Os de l'avant-Bras avec l'Os du Bras.*

Pour découvrir l'articulation de l'humérus avec le cubitus & le radius , & celle de ces deux derniers os entre eux , on doit faire attention , en levant les muscles qui les environnent, de ne point trop ou trop peu détacher ces muscles , puisque le muscle brachial interne couvre antérieurement tous les ligamens de ces articulations , & que les muscles, long & court extenseurs & brachial externe les cachent postérieurement; les muscles fléchisseurs des doigts de la main sont outre cela attachés au condyle interne , & les muscles extenseurs au condyle externe de l'humérus ; par conséquent on doit détacher les uns après les autres tous ces muscles , pour ne point endommager les ligamens. Ces muscles dégagés , vous verrez, en parcourant les ligamens qui environnent la membrane capsulaire , 1°. Le LIGAMENT *latéral interne* ou *brachio-cubital* attaché par l'une de ses extrémités au condyle interne , & par l'autre à l'apophyse coronoide du cubitus ; 2°. Le LIGAMENT *latéral externe* ou le *brachio-radial* qui vient du condyle externe de l'humérus, & s'épanouit sur le ligament orbiculaire du radius ; 3°. Le LIGAMENT *annulaire* , ou *orbiculaire* , ou *coronaire* qui s'attache postérieurement au rebord de la petite cavité fygmoïde du cubitus, laquelle reçoit la tête du radius ; il environne cette tête, & fe termine au bord antérieur de ce même finus ; 4°. A la partie fupérieure de cette membrane, le LIGAMENT *capfulaire* de l'articulation ; 5°. Les LIGAMENS *acceffoires*, un *antérieur* qui vient de l'apophyfe coronoide, & qui embraffe la face antérieure du ligament annulaire ; un *poftérieur* fitué un peu plus bas, qui vient de la partie inférieure du ligament orbiculaire, & va obliquement s'inférer dans la face de l'olécrane couverte par le petit anconé ; 6°. Les FILETS *ligamenteux* qui antérieurement & poftérieurement fortifient la membrane capfulaire. Levez tous ces ligamens & ces filets, & vous découvrirez la MEMBRANE *capfulaire* ; ouvrez cette membrane, & vous trouverez fupérieurement & inférieurement autour d'elle les GLANDES *mucilagineufes* qui arrofent cette articulation ; ratiffez l'humérus pour en examiner le périofte ; fciez enfuite cet os ; voyez-en l'*intérieur*, les *marques* de l'union de fes deux extrémités avec fon corps, fa *grande cavité*, fes *cellules*, l'*épaiffeur* de fon écorce, &c.

§. V.

Des LIGAMENS *des Os de l'avant-Bras avec le carpet de ces os entr'eux ; des* LI-GAMENS *des Os du Carpe &* des Os *du Métacarpe.*

Après avoir dégagé les muscles qui environnent l'articulation des os de l'avant-bras avec le carpe , coupez le ligament transversal & tous les autres dont nous avons parlé (§. 3.) enlevez le tissu cellulaire ; conservez les muscles inter-osseux ; observez de ne point emporter les *Brides ligamenteuses* qui unissent les têtes des os du métacarpe les unes avec les autres , & vous découvrirez plusieurs *Trousseaux ligamenteux* que nous nommerons *Li-gamens auxiliaires , propres , accessoires & muqueux.* Les *Ligamens auxiliaires* de la membrane capsulaire des os de l'avant-bras & du carpe , sont 1º. tous ceux qui du 3e. du 4e. du 5e. & du 8e. os du métacarpe , se rendent au 2e. & au 7e. Tous les *trousseaux* de fibres qui du quatriéme os du carpe s'épanouissent sur la membrane capsulaire , jusqu'à la partie inférieure du radius & du cubitus.

2°. Les *Ligamens propres* de la membrane capsulaire des os de l'avant-bras & du carpe , sçavoir un *Trousseau* de fibres obliques , supérieures, couvertes des ligamens auxiliaires du 3e. & du 4e. os du carpe , situé obliquement entre le premier & le second os du carpe , lesquelles s'étendent jusqu'au col de la tubérosité du grand os du carpe ; 2°. Un autre *Trousseau* de fibres inférieures aux précédentes , qui part de l'extrémité de l'apophyse styloide du radius , & se termine au premier os du carpe ; on le nomme *Ligament styloïdien* du radius.

3°. Un *gros Ligament court* entre l'os pisi-forme & l'apophyse unci-forme du crochu ; un *Ligament droit* entre la partie inférieure de l'os pisi-forme & la tubérosité de l'os du métacarpe du petit doigt.

4°. Le *Ligament palmaire* de l'os du métacarpe du pouce qui s'insére à l'éminence palmaire de l'os du métacarpe du pouce ; le *Ligament latéral interne* de ce même os adjacent au tendon de l'abducteur.

5°. Le *principal Ligament sublime* de l'os du métacarpe du doigt du milieu, qui d'un côté s'attache à l'éminence palmaire de l'os trapeze , & de l'autre à la partie supérieure de la face palmaire de l'os du métacarpe du doigt du milieu ; le *Ligament triangulaire* qui vient de l'os trapeze , & s'unit aux trousseaux de là membrane capsulaire commune ; un *autre Ligament sublime* situé à la partie latérale du premier , qui vient de l'autre éminence palmaire de l'os trapeze , & concourt à former le sillon de la gaine ; le *Ligament sublime* du doigt index , qui vient de la face palmaire de la base de l'os du métacarpe de ce doigt , & se termine au tubercule de l'os trapeze ; le *Ligament propre* de l'os du métacarpe du doigt auriculaire , qui vient de l'apophyse unci-forme de l'os crochu , & se termine à la face palmaire de la tubérosité de l'os du métacarpe du même doigt auriculaire ; les *Ligamens* qui unissent les têtes des os du métacarpe les unes aux autres ; le *Ligament* qui supérieurement unit l'os du métacarpe du doigt auriculaire avec celui du doigt annulaire ; un *Ligament* situé au-dessus de celui - ci , qui unit l'os du métacarpe du petit doigt avec celui du quatriéme ; le

Ligament qui unit supérieurement l'os
du métacarpe du doigt annulaire avec
celui du doigt du milieu. Observez
aussi comment sa partie supérieure
palmaire est blanche & luisante à côté
des ligamens palmaires inférieurs des
os du métacarpe, puis levez tous ces
ligamens les uns après les autres, &
vous trouverez au-dessous,

6o. Le *Ligament accessoire oblique* de
la membrane capsulaire, le *Ligament
capsulaire droit* de cette même membrane, le *Trousseau ligamenteux* qui unit
obliquement le premier os du carpe
au sixiéme & au septiéme, le *Trousseau oblique* du troisiéme os du carpe,
les *Filets* du ligament qui unit cet
os avec l'os du métacarpe du petit
doigt, lequel s'étend jusqu'à l'os du
métacarpe du doigt du milieu, le *Ligament* entre le cinquiéme & le sixiéme os du carpe, le *Ligament* entre le
sixiéme & le septiéme, le *Ligament*
entre le second & le troisiéme, le *Ligament profond* entre le cinquiéme os
du carpe & l'os du métacarpe du
doigt du milieu, le *Ligament* entre le
huitiéme os du carpe & l'os du métacarpe du doigt du milieu, le *Ligament profond* entre le sixiéme os du car-

pe & l'os du métacarpe du doigt index. Levez le premier ligament sublime de l'os du métacarpe du doigt du
milieu, le ligament profond de ce
même os , & vous verrez les *petits*
ligamens profonds de l'os du métacarpe du doigt index , le *petit liga-*
ment palmaire entre l'os du métacarpe du doigt index & du doigt du milieu.

Après avoir examiné ces ligamens ,
les avoir détrui & tous les ligamens
du dos de la main dont nous avons
parlé §. 3. passez

7°. A la préparation du *Ligament*
rhomboide fait en grande partie de *Fi-*
lets paralleles qui viennent du bord inférieur dorsal du radius , & se terminent vers le troisiéme os du carpe; préparez ensuite le *Cordon ligamenteux* qui
s'étend de l'apophyse styloide du radius au troisiéme os du carpe ; puis
le *ligament* entre le troisiéme os du carpe & le huitiéme ; puis le *trousseau*
fort sensible qui traverse obliquement
les os du carpe , & se termine au
troisiéme, & quelquefois au sixiéme
os du carpe ; passez de-là à la recherche du *petit ligament* qui unit le cinquiéme os du carpe au sixiéme , de *celui*

qui unit le fixiéme au feptiéme, de
celui qui unit le feptiéme au huitiéme,
du *ligament latéral externe* de l'os du métacarpe du pouce, du *ligament* qui
unit l'os du métacarpe du doigt index au cinquiéme os du carpe ; examinez de fuite *celui* qui unit cet os
au fixiéme os du carpe, le *ligament*
qui unit le fixiéme os du carpe à celui
du métacarpe du doigt du milieu, *celui* qui unit le feptiéme os du carpe à
ce même os du métacarpe, *celui* qui
unit le feptiéme os du carpe avec
l'os du métacarpe du doigt annulaire,
le *ligament* qui unit le huitiéme os du
carpe avec ce même os du métacarpe, *celui* qui unit ce huitiéme os
os avec l'os du métacarpe du doigt
auriculaire, le *ligament* latéral de l'os
du métacarpe du doigt index. Enlevez le ligament rhomboide, le cordon ligamenteux, le trouffeau qui traverfe les os du carpe, *&c.* & vous
trouverez au-deffous un *ligament* entre le premier os du carpe & le cinquiéme, *un autre* entre le premier &
le fixiéme, *un autre* entre le cinquiéme
& le fixiéme, le *Ligament dorfal* de l'os
du métacarpe du pouce, le *ligament
latéral externe* de ce même os ; le *liga-*

ment entre l'os du métacarpe du pouce & du doigt index , les *Ligamens
dorsaux* entre l'os du métacarpe du
doigt index & celui du doigt du milieu , entre celui du doigt du milieu
& celui de l'annulaire , *&c.* enfin les
Ligamens latéraux de ces mêmes os.
Après avoir parcouru tous ces ligamens , ouvrez sur le dos de la main
la *Membrane capsulaire* qui unit la partie inférieure des os de l'avant - bras
avec le carpe , & vous trouverez 1°.
un *Cartilage intermédiaire* qui soutient
la partie inférieure du cubitus , continu à l'enfoncement semi-lunaire du
radius qui reçoit la tête du cubitus ,
lequel couvre le second & le troisiéme os du carpe ; 2°. Un *Trousseau palmaire* de fibres, qui s'unit à cette membrane ; 3°. Le *Ligament muqueux* ; 4°.
La *Membrane ligamenteuse* qui se trouve
entre les bords du premier & du second os du carpe. Ouvrez dans le
même sens la *Membrane capsulaire* qui
environne les os du premier rang du
carpe & ceux du second. Observez
les *cartilages* qui couvrent ces os , les
Glandes synoviales qui arrosent leur articulation, le *Ligament muqueux* de cette articulation & une espèce de *petit*

frein qui retient la membrane capſulaire. Séparez enſuite les os du carpe & du métacarpe les uns des autres, & vous verrez que l'articulation de tous ces os eſt environnée d'une *Membrane capſulaire*, que chacune de leur facette articulaire eſt revêtue d'un *cartilage*, & qu'enfin il s'y trouve des *Glandes muqueuſes*.

Les os de l'avant-bras ſéparés des autres os, on cherchera, en levant tous les muſcles une *Membrane ligamenteuſe* qui unit ces deux os, la *Corde tranſverſale* du cubitus, qui s'attache à l'apophyſe coronoide du cubitus, & ſe termine à la partie inférieure de la tubéroſité du radius. On doit obſerver à la partie poſtérieure de cette membrane différentes *petites cordes* qui croiſent ſes fibres, le *périoſte* de chacun de ces os, celui des os du carpe, & les ſcier pour en examiner la *ſtruĉture intérieure*.

§.

Des Ligamens *des Os du Métacarpe & des Phalanges.*

Après avoir parcouru les ligamens

des os du carpe, de ceux du métacarpe avec ces os, *&c.* il faut passer à
l'examen des parties qui entrent dans
la composition des articulations des
phalanges entre elles & des phalanges
avec les os du métacarpe. Après avoir
enlevé les tendons des muscles situés
sur le dos des phalanges, on trouve
autour de l'articulation de ces phalanges & des os du métacarpe avec
elles, différens *Filets longitudinaux* qui
fortifient la membrane capsulaire ; ces
Filets sont en plus grand nombre sur
les parties latérales, & forment de chaque côté un *paquet* auquel on a donné le nom de *Ligament latéral* ; levez
ces filets, ouvrez la *Membrane capsulaire*, examinez les *Glandes synoviales* & les *cartilages* qui revêtent les os,
séparez les os les uns des autres, &
les sciez dans leur longueur pour en
découvrir la *structure.*

CHAPITRE SECOND,

De l'Ostéotomie, &c. de l'Extrémité infé-
rieure.

Echarnez grossiérement l'extrémité inférieure ; examinez ensuite
l'articulation du fémur avec les os des
isles.

§. I.

De l'articulation du Fémur avec les Os des
Isles.

Il est très - facile , pour peu d'attention qu'on y apporte , de découvrir
les *Fibres ligamenteuses* qui environnent
la membrane capsulaire de l'articulation de la tête du fémur avec la cavité cotyloide de l'os des isles.

On doit observer la *différente direc-*
tion de ces fibres , leur *longueur* , les
endroits dans lesquels elles sont plus
nombreuses & plus fortifiées , une *par-*
tie du tendon du muscle droit , *&c.*
Levez ces filets , & observez intérieurement, en les levant, le *Ligament transf-*
versal externe de l'échancrure de la cavité

vité cotyloide ; ouvrez la *Membrane capsulaire*, & vous trouverez ; 1°. des *Glandes synoviales* autour de la membrane capsulaire, dans les endroits où cette membrane est adhérente aux os; 2°. Une espèce de *bourlet* qui tient de la nature du ligament & du cartilage, lequel environne la cavité cotyloide, & en augmente la capacité ; 3°. Le *Ligament transversal interne* de l'échancrure de cette cavité qui paroît se croiser avec l'externe, & percé de plusieurs trous pour le passage des vaisseaux qui arrosent le dedans de la cavité ; 4°. Le *Ligament rond* qui attache la tête du fémur dans la cavité cotyloide ; 5°. La *Masse des glandes synoviales* situées dans cet enfoncement particulier de la cavité cotyloide où s'attache le ligament, & qui est arrêtée dans cet endroit par *plusieurs petits Ligamens particuliers*. Après avoir examiné toutes ces parties, séparez le fémur de l'os des isles, détachez - en le *périoste*, & passez à l'examen de son articulation avec le tibia.

§. II.

De l'Articulation du Fémur avec le Tibia.

Après avoir levé les ligamens qui environnent le genouil & dégagé le tiſſu cellulaire, on trouve une enveloppe générale, compoſée de l'aponévroſe du facia-lata, des tendons du biceps, du vaſte interne, du vaſte externe & du droit antérieur ; cette enveloppe eſt extrémement adhérente autour de la rotule : après avoir dégagé cette membrane, on trouve au-deſſous, ſurtout antérieurement, beaucoup de graiſſe ; & en l'ôtant avec attention de même que le tiſſu cellulaire, on obſerve dans le jarret une eſpèce de *Ligament membraneux*, large d'un demi pouce environ, & long de deux à trois, qui vient de la partie poſtérieure du condyle externe ſe terminer au-deſſous de la partie poſtérieure du condyle interne ; & ſur le côté interne, le *Ligament latéral interne* qui vient de la partie ſupérieure de la tubéroſité du condyle interne du fémur, & s'épanouit inférieurement ſur

le tibia ; extérieurement, le *Ligament
latéral externe* long , qui vient de la
partie la plus élevée & la plus antérieure de la face latérale externe du
condyle du fémur , & se termine à la
partie antérieure & au-dessous du col
du péroné ; le *Ligament latéral externe
court* , qui se trouve derriere le ligament latéral long , lequel vient de la
partie inférieure du condyle externe
du femur , où l'un des jumeaux (l'externe) prend naissance , & se termine
principalemeut sur la membrane capsulaire. Après avoir levé ces ligamens , on découvre la *Membrane capsulaire* , les *Filets ligamenteux* qui la fortifient ; & après l'avoir ouverte , on
observe surtout sur les parties latérales
de la rotule des *Masses de glandes synoviales* qui sont plus sensibles dans ces
articulations que dans toutes les autres , & postérieurement, au-dessous
du ligament postérieur , les deux *Ligamens croisés* ainsi nommés par rapport à leur différente direction & au-
lieu de leur insertion. Le *ligament
croisé postérieur* s'attache d'un côté à
la racine de la face latérale externe du
condyle interne , & de l'autre dans le
petit sinus qui s'observe à la partie pos-

térieure de la tubérosité qui sépare les deux cavités glénoïdes du tibia. Le *ligament croisé postérieur* est plus enfoncé dans le sinus qui sépare postérieurement les deux condyles du fémur, & part de la face interne du condyle interne. On voit ensuite les *Cartilages demi - circulaires*, ou *sémi-circulaires mitoyens intermédiaires*, ou *inter-articulaires* qui ont la figure d'un 8 de chifre, tiennent de la nature du ligament & du cartilage, sont non - seulement adhérens par leur bord latéral externe à la membrane capsulaire & aux ligamens latéraux, mais se terminent encore par des *espèces* de *Ligamens*, au moyen desquels ils s'attachent à différentes parties : par exemple, on observera que le *Cartilage extérieur* est adhérent, au moyen de plusieurs fibres ligamenteuses, par sa corne antérieure dans le petit sinus qui s'observe à la partie antérieure du tubercule mitoyen de la cavité glénoïde du tibia, le long du bord externe du ligament croisé antérieur, & que ce *cartilage* par sa corne postérieure se termine d'abord par un ligament qui s'unit au ligament croisé postérieur. On observe-

ra aussi les *Ligamens courts* qui attachent ce cartilage au tubercule mitoyen. Le *cartilage interne* s'unit par
la face antérieure dans la partie la
plus élevée de la face articulaire du tibia, & par sa corne postérieure dans
le petit sinus situé à la partie postérieure du tubercule mitoyen. On
trouvera sur le bord antérieur de la
cavité glénoïde du tibia, le *Ligament*
transversal qui s'attache à la partie antérieure convexe de ces cartilages,
lequel est uni par un *petit Faisceau* qui
s'éleve de la partie moyenne de ce ligament vers la partie antérieure du
fémur.

Après avoir examiné ainsi le *dedans*
de l'articulation, la *figure* & la *structu-*
re des cartilages inter-articulaires, l'é-
paisseur de ceux qui revêtent l'extrémité du fémur & du tibia, *&c.* sciez le
fémur dans sa longueur pour en examiner la *Structure intérieure*; passez ensuite à la préparation des ligamens qui
retiennent les tendons des muscles
du pied.

§. III.

Des Ligamens des Tendons des Muscles des Pieds.

Il y a autour du pied, comme autour de la main, des ligamens qui retiennent les tendons des muscles du pied : pour les découvrir, il faut simplement enlever les tégumens, la graisse & le tissu cellulaire ; & alors on trouve ordinairement, entre le tibia & le péroné, une *espèce d'Aponévrose* qui couvre les muscles situés entre ces deux os, & qui se termine inférieurement en formant un *Ligament très-distinct* qui s'attache extérieurement au péroné, & intérieurement au tibia ; 2°. Le *Ligament croisé commun*, composé de deux plans qui se croisent, dans les deux extrémités extérieures, dont l'une se termine sur le péroné au-dessus de la malléole externe, & l'autre dans l'angle de la petite fosse de la partie antérieure la plus élevée du calcaneum, & les deux autres se terminent intérieurement, l'une sur le tibia, & l'autre sur l'os naviculaire.

3°. Les *Ligamens propres* des tendons, tels par exemple que *celui* de l'extenseur du pouce, *celui* qui assujettit les tendons des péroniers & leur fournit une gaine particuliére, les *petits ligamens* qui retiennent les tendons de l'extenseur au-dessus de la premiere phalange, & tous les autres *petits ligamens particuliers* qui retiennent les petits tendons des muscles qui s'observent sur le pied ; 4°. Sur la partie latérale interne du pied, *plusieurs Fibres ligamenteuses* qui se portent des différens points de la malléole interne sur le calcaneum & le tendon d'Achille.

5o. Sur la plante du pied, l'*Aponévrose plantaire*, le *Ligament croisé* & le *Ligament annulaire* qui assujettissent les tendons des fléchisseurs du pied à la partie inférieure des phalanges, & sur lesquels on doit observer la même chose que dans ceux de la main : quoique le canal qu'ils paroissent former soit plus uniforme, & semble n'être qu'une gaine continue ; cependant en y faisant attention, on voit le ligament plantaire, le ligament annulaire & le ligament croisé distingués parfaitement les uns des autres : on trouvera aussi en dégageant les tendons du sublime & du profond , des *petites Cordes* qui affujettiffent aux phalanges les tendons , de même que ceux de la main. Après avoir préparé toutes ces parties , en avoir examiné la *tiffure* & l'*arrangement* , féparez les pour découvrir celles qui font au-def-fous ; & après avoir enlevé les muf-cles , vous trouverez *différens Ligamens* qui uniffent le tibia & le péroné avec les os du tarfe , les *ligamens* qui uniffent ces os entre eux , *ceux* qui les unif-fent aux os du méta-tarfe , & les *li-gamens* des os du méta-tarfe , *&c.*

§. I V.

Des Ligamens qui uniffent le Tibia & le Péroné au Tarfe.

Vous obferverez antérieurement le *Ligament moyen* du péroné, qui fe déta-che de la partie inférieure externe de la malléole externe , & s'épanouit fur la face latérale externe du calcaneum; fon *Ligament antérieur* qui vient du bord inférieur antérieur de la malléo-le externe , & fe termine fur l'aftra-gal ; fon *Ligament poftérieur* qui s'atta-che par l'une de fes extrémités au bord

poftérieur

postérieur, inférieur de la malléole externe, & se termine sur la partie postérieure de l'astragal ; en disséquant ce ligament, vous trouverez un petit *trousseau* de fibres ligamenteuses qui s'attache aussi à l'astragal, & quelquefois un *autre trousseau triangulaire,* qui s'éleve du bord supérieur de ce ligament, & se termine à la partie postérieure du tibia, proche la malléole interne. Des ligamens qui unissent le tibia au calcaneum & à l'os naviculaire, vous en trouverez un, nommé *Deltoide*, qui s'insére supérieurement autour du bord de la malléole interne, & s'épanouit sur le calcaneum & l'astragal. Levez ces ligamens, & vous trouverez au-dessous la membrane capsulaire ; ouvrez-la ; observez les *Glandes synoviales* situées le long de ses bords, les *cartilages* qui revêtent l'extrémité du tibia & du péroné, & la face supérieure de l'astragal : passez de-là à la préparation des ligamens qui unissent le tibia au péroné.

L

§. VI.

Des Ligamens du Tibia & du Péroné.

Enlevez les muscles qui environnent le tibia & le péroné ; observez de ne point détruire la membrane ligamenteuse qui unit ces deux os, à peu près de la même maniere qu'une semblable membrane unit le radius & le cubitus ; & après avoir bien enlevé les fibres musculaires qui couvrent supérieurement l'articulation de ces deux os, vous verrez un grand nombre de fibres ligamenteuses qui environnent la membrane capsulaire, s'étendre du tibia sur le péroné, & qui paroissent antérieurement former un *Ligament particulier*, parce qu'elles sont plus nombreuses, plus réunies & plus distinctes : vous verrez de même inférieurement ces deux os unis antérieurement par *deux Ligamens*, un *supérieur* qui vient du tibia, & s'étend sur la partie antérieure de la malléole externe ; un *inférieur* qui s'attache au bord antérieur de l'extrémité inférieure du tibia, & se termine sur le bord antérieur de la malléole externe. Vous découvrirez à la partie postérieure deux *autres Ligamens*, un *supérieur* & un autre *inférieur*, qui s'attachent à peu près de même que les antérieurs. Détruisez tous ces ligamens tant supérieurement qu'inférieurement, vous découvrirez par ce moyen la membrane capsulaire, & après l'avoir ouverte, les *Glandes synoviales*, les *cartilages* qui revêtent les parties de ces os articulées les unes avec les autres. Examinez le périoste de ces deux os, & les sciez ensuite pour en voir la *structure interne*. Passez de-là à la préparation des ligamens des os du tarse.

§. VII.

Des Ligamens des Os du Tarse.

Ces *Ligamens* se découvrent facilement, pour peu d'attention qu'on y veuille apporter ; cependant on doit observer de ne point les endommager, parce que, comme ils sont *petits*, ils ne seroient plus remarquables.

10. Vous trouverez les *Ligamens* qui unissent l'astragal avec le calcaneum, antérieurement, dans la cavité latérale externe & antérieure du calcaneum,

qui en est presque toute remplie ; ces ligamens s'attachent à la partie latérale, externe, antérieure & inférieure de l'astragal, se terminent sur le calcaneum & ont tous différentes directions ; d'où on les nomme *perpendiculaires & obliques.* Le plus considérable des trois est entre les deux autres.

2o. Vous verrez les *Ligamens* qui unissent l'astragal à l'os naviculaire, un *large supérieur* qui se détache du bord antérieur inférieur de l'astragal, & se termine sur l'os naviculaire ; un autre *latéral interne*, situé le long du bord intérieur du premier, mais dont les filets sont plus courts & moins serrés.

3o. Vous observerez les *Ligamens* du calcaneum avec l'os naviculaire, supérieurement *deux*, *Un superficiel & l'Autre profond*, situés l'un au-dessus de l'autre, qui se détachent de la partie antérieure du calcaneum, & se terminent sur la partie latérale, externe & supérieure de l'astragal ; sur la partie latérale interne, une espèce de *Membrane cartilagineuse* qui vient de l'éminence de la face latérale interne & antérieure du calcaneum, & se termine sur l'astragal ; inférieurement deux *autres Ligamens*, *un plat* & *l'au-tre rond*, qui viennent du bord latéral, interne & inférieur du calcaneum, & se terminent sur l'astragal, c'est-à-dire, le plat proche la membrane cartilagineuse dont nous avons parlé ci-dessus, & l'autre plus inférieurement, à côté du premier.

4o. Vous découvrirez les *Ligamens* du calcaneum & de l'os cuboide supérieurement *trois*, *deux superficiels* & *l'autre profond* : des superficiels, l'un est *intérieur*, & l'autre *extérieur* ; c'est en détruisant l'intérieur que vous découvrirez le profond. Ces ligamens au reste s'attachent par une de leur extrémité à la partie antérieure & supérieure du calcaneum, & par l'autre supérieurement à la partie correspondante du cuboide ; latéralement, *Un superficiel* qui vient de l'angle de l'apophyse antérieure du calcaneum, & se termine sur l'astragal ; inférieurement, *trois*, *Un le plus grand* & *le plus fort* de tous les ligamens du tarse, lequel s'attache à presque toute la face inférieure concave du calcaneum, & un peu à sa face latérale externe, & se termine sur l'os cuboide ; *Un autre oblique* situé à la partie latérale interne de ces deux os ; & le *troisiéme* nommé *rhom-boide*, se découvre facilement, après avoir détruit les deux premiers, & ôté avec attention toute la graisse qui se trouve entre ces ligamens.

5°. Les *ligamens* de l'os naviculaire avec le cuboide, qui sont 1°. *Un transversal*, *superficiel*, qui de la partie supérieure latérale externe de l'os na-viculaire, se termine supérieurement sur le cuboide ; 2°. L'intervalle qu'il y a supérieurement & postérieurement entre le cuboide & le naviculaire est rempli de *Fibres ligamenteuses* qui for-ment le *second Ligament* ; 3°. Inférieu-rement il part de la surface moyenne de l'os naviculaire un *Ligament presque rond*, qui s'étend vers le bord moyen opposé de la face interne de l'os cu-boide.

6°. Les *Ligamens* entre l'os navicu-laire & les cunei-formes, se présen-tent. 1°. Sur le dos du pied vers la convexité de l'os naviculaire ; ils sont au nombre de *trois*, dont *le premier* (en comptant de droite à gauche) s'étend sur l'os cunei-forme externe, le *second* sur l'os cunei-forme moyen, le *troisiéme* enfin sur le grand os cunei-forme ; 2°. Le *Ligament latéral* situé à

côté & au-dessous du dernier ; 3°. Les
quatre Ligamens plantaires , dont le
premier est un gros trousseau qui s'é-
tend de la tubérosité inférieure de l'os
naviculaire vers le grand os cunei-forme ; le *second* paroît lorsqu'on a enlevé le premier , & se porte obliquement vers le même os cunei-forme ; le
troisiéme est un amas de quelques filamens qui ne sont pas serrés , & se termine à l'os cunei-forme moyen ; le
quatriéme est un trousseau long , collé
sur la gaine & sur le tendon du jambier postérieur , lequel s'insére à l'os
cunei-forme externe.

7°. Les *Ligamens* entre l'os cuboide
& le moyen cunei-forme , sont 1°. un
Ligament superficiel supérieur qui unit supérieurement ces deux os par les bords
supérieurs de la face par laquelle ils
se touchent ; 2°. Quatre *Ligamens
plantaires* ; le *premier* vient de la tubérosité de l'os cuboide , entre sa face
interne & sa postérieure , & se termine à la partie inférieure du moyen cunei-forme ; les *trois* autres sont *transf-
versaux* , & s'attachent au bord inférieur des faces par lesquelles ces os
sont articulés ensemble.

8°. Vous découvrirez les *Ligamens*

qui uniſſeut les os cunei-formes les
uns avec les autres ; 1°. Les *Ligamens
ſuperficiels*, ſitués ſur le dos du pied ,
deſquels *l'un* s'attache ſur le bord du
grand os cunei-forme, & ſe termine ſur
le bord du petit ; *l'autre* qui du bord
oppoſé du petit s'étend ſur le bord
voiſin du moyen ; 2°. Les *Ligamens
plantaires*, ſavoir, un *gros Ligament oblique* qui inférieurement unit le grand
os cunei-forme avec le petit ; & en
éloignant le moyen & le petit cunei-
formes l'un de l'autre , vous trouverez un *Ligament fort & court* , qui unit
ces deux os.

9°. Les *Ligamens entre les os du tarſe
& ceux du méta-tarſe* ; 1°. Les *Ligamens*
de l'os du méta-tarſe du pouce , ſavoir, ſur le dos du pied , une *Expen-
ſion ligamenteuſe* qui s'étend directement
du grand os cunei-forme vers cet os
du méta-tarſe ; un *Ligament longitudinal*
qui s'épanouit des tubéroſités plantaires de cet os du méta-tarſe ſur le
grand os cunei-forme.

10°. Les *Ligamens* du ſecond os du
méta-tarſe ; 1°. *trois dorſaux , un oblique* qui s'unit avec le grand os cunei-
forme , *un droit* qui s'unit avec le petit cunei-fòrme , & enfin un *oblique*

avec le moyen cunei-forme ; 2°. Un *Ligament plantaire* qui s'attache dans la partie inférieure concave du grand os cunei-forme , & se termine en s'unissant avec un autre du troisiéme os du méta-tarse à la pointe du second os du méta-tarse ; 3°. *Deux latéraux* , un *rhomboide* dans la partie latérale interne , & qu'on peut regarder comme une suite du précédent ; un *Ligament droit & longitudinal* , qui de la partie latérale externe & inférieure de ce second os du méta-tarse , se rend au petit os cunei-forme.

11°. Les ligamens du troisiéme os du méta-tarse , qui sont 1°. sur le dos du pied un *Plan ligamenteux & droit* , qui unit cet os avec le grand os cunei-forme, & *un oblique* qui l'unit avec l'os cuboide ; 2°. Dans la plante du pied un *Ligament oblique* qui s'étend sur le grand os cunei-forme , & se confond avec un semblable du second os du méta-tarse ; 3°. Entre les articulations de ces os , à la partie latérale interne , un *Ligament longitudinal & profond* qui s'unit avec le petit os cunei-forme ; un *autre latéral interne* qui s'attache à la tubérosité inférieure de cet os , & se termine sur le moyen

cuneï-forme : ces deux ligamens fo
couverts par une aponévrofe du te
don du jambier poftérieur qui s'in
nue entre la commiffure des deux
du méta-tarfe, qu'il faut par conf
quent un peu éloigner l'un de l'aut
pour voir ces ligamens. Vous d
couvrirez de même à la partie latéra
externe, après avoir éloigné ces o
deux Ligamens, un *courbe* qui vient d
l'angle de l'os cuboide, qui fépare fo
côté latéral interne de l'antérieur,
fe contourne obliquement vers l'an
gle latéral de la bafe de ces os du mé
ta-tarfe ; un *autre* qui vient de la fo
fette latérale du troifiéme os cuneï
forme, & s'étend tout droit vers l
côté externe de la bafe de cet os d
méta-tarfe.

12°. Les *Ligamens* du quatriéme o
du méta-tarfe, qui font 1°. fur l
dos du pied, un *Ligament plat* qui uni
cet os avec le cuboide ; 2°. Latéralement & intérieurement, un *Ligamen*
très-fort, qui s'étend de cet os vers la fa
ce externe du troifiéme os cunei-forme.

13°. Les *Ligamens* du cinquiéme os
du méta-tarfe. Vous trouverez cet os
uni avec l'os cuboide au moyen d'u

ne *Membrane capsulaire* fortifiée de quelques *Filets ligamenteux*, qui dans la plante du pied sont plus serrés ; & vous verrez outre cela une espèce de *Ligament transversal* qui s'étend du bord plantaire de cet os vers le tranchant du troisiéme os cunei-forme.

14°. Les *Ligamens* des os du méta-tarse entre eux , savoir , 1°. Les *Ligamens dorsaux* , c'est-à-dire , ceux qui se présentent vers le dos du pied , *un* entre le second & le troisiéme os du méta-tarse , le *second* entre le 3e. & le 4e. os du méta-tarse, le *troisiéme* entre le quatriéme & le cinquiéme os du méta-tarse ; 2°. Les *Ligamens latéraux* qui se trouvent entre les parties latérales des os du méta-tarse , devant leur articulation, du second os du méta-tarse au troisiéme , du troisiéme au quatriéme, du quatriéme au cinquiéme ; 3°. Les *Ligamens plantaires* qui sont de même au nombre de trois , & répondent aux dorsaux ; le *premier* & le *plus petit*, entre le second & le troisiéme os du méta-tarse ; le *second* & le *plus fort*, entre le troisiéme & le quatriéme os ; le *troisiéme* le *plus lâche* de tous, & qui souvent se trouve *double* , entre le quatriéme & le cinquiéme os du méta-tarse ; 4°. Le *Ligament plantaire commun* , situé

obliquement à côté & à la partie an
térieure du ligament tranſverſal du cin
quiéme os du méta-tarſe , lequel s'é
tend de la face plantaire du cinquié
me os du méta-tarſe à la tubéroſité
plantaire du ſecond.

15°. Les *Ligamens tranſverſaux* qui
uniſſent les têtes de ces os de la mê
me maniere que de ſemblables liga
mens uniſſent les têtes des os du mé
ta-carpe.

16°. Les *Ligamens* des phalanges,
deſquels on peut diſtinguer de deux
eſpèces, ſavoir, les *Membranes capſulai*
res & les *Ligamens latéraux* ; les *Liga*
mens latéraux naiſſent des foſſettes tra
cées ſur la partie latérale des petites
têtes , tant des os du méta-tarſe que
de celles des phalanges ; les *Membra*
nes capſulaires ſur leſquelles ces liga
mens ſont ſitués , ſont ſur-tout fortis
fiés du côté de la plante du pied :
mais en parcourant ces ligamens, vous
obſerverez ſur la face plantaire de l'ex
trémité antérieure de l'os du méta
tarſe du pouce les *Ligamens* des deux
os ſéſamoïdes , ſitués dans cette par
tie entre les muſcles qui les y aſſujet
tiſſent. Vous trouverez leur *Membra*
ne capſulaire fortifiée çà & là de *Fibres*

menteuses , desquelles on pourroit faire des *Ligamens particuliers.*

Enfin ouvrez les *Membranes capsu-*
laires qui environnent les articulations de ces os ; examinez les *Glandes syno-*
viales , les *cartilages* qui revêtent les extrémités de ces os, & le *périoste* ; séparez ces *os* les uns des autres ; sciez-les pour en découvrir la *structure intérieure.*

CHAPITRE TROISIE'ME,

De l'Ostéo-tomie de la Tête & du Tronc.

APrès avoir parcouru les ligamens des extrémités inférieures, on passera à la préparation de ceux de la tête & du tronc ; mais pour préparer plus commodément les ligamens des vertébres, on pourra, si on le juge à propos , commencer par les ligamens du bassin ; de-là passer à ceux des côtes avec le sternum & avec les vertébres ; ensuite à ceux de la tête, de l'os hyoide & des cartilages du larinx ; puis à ceux des vertébres entre elles & de ces os avec les côtes.

§. I.

Du Baffin.

Nous regardons ici l'os facrum, les
coccix & les os innominés comme les
os du baffin. Levez donc tous les mufcles & les fibres mufculaires qui environnent les déhors du baffin ; débar-
raffez le dedans des parties les plus
groffiéres ; obfervez fur-tout de dégager ces parties avec tant d'attention,
que vous ne détruifiez point les ligamens : & vous trouverez, 1º. Le *Li-*
gament poftérieur de l'os ileon, qui vient
de l'épine poftérieure fupérieure de cet
os , & s'étend vers la quatriéme fauffe apophyfe tranfverfe de l'os facrum.
Après avoir détaché fupérieurement ce
ligament , vous verrez le *Ligament pof-*
térieur court, qui vient de cette même
épine, & s'étend vers la troifiéme fauffe apophyfe tranfverfe de l'os facrum;
le *Ligament latéral poftérieur* , qui part de
la partie latérale interne de cette même épine, & fe termine tranfverfalement au bord inférieur de la premiére
fauffe vertébre de l'os facrum. 2º. Au-
deffous de ces ligamens, fe préfentent

le grand *Ligament sacro-ischiatique*, qui vient du tubercule de la troisiéme & quatriéme fausse apophyse transverse de l'os sacrum, à côté du quatriéme trou de cet os, du bord latéral de la cinquiéme fausse vertébre de l'os sacrum, du reste de cet os & de la partie supérieure du coccix, & se termine à la partie latérale interne de la tubérosité de l'os ischion. Vous observerez, en détruisant ce ligament, une *Production supérieure* qui couvre le long ligament postérieur de l'os ileon; une autre *production inférieure falci-forme*, que vous verrez dans la face latérale interne de ce ligament former autour de la tubérosité de l'os ischion une espèce de faux; 3°. Les *petits Ligamens accessoires* qui sont autant de petits trousseaux ligamenteux situés sur le dos de l'os sacrum, entre les bords de la grande protubérance interne, où l'os sacrum est uni avec les os des isles & les petits ligamens qui bordent inférieurement les trous postérieurs de l'os sacrum; 4°. Les *Ligamens du coccix* qui s'étendent des extrémités des fausses apophises épineuses des dernieres fausses vertébres de l'os sacrum sur le coccix, & qui ont la figure de *Liga-*

mens longitudinaux. (Le coccix eſt ordinairement uni avec l'extrémité de l'os
ſacrum par une *Membrane capſulaire* &
un *Cartilage intermédiaire*, & outre cela
dans ſa face antérieure par deux *Ligamens latéraux* qui manquent quelquefois.) 5o. Après avoir détaché le muſcle pſoas des vertébres lombaires , &
l'avoir tiré hors du baſſin , vous trouverez un *Ligament tranſverſal* , qui des
apophyſes tranſverſes des vertébres
lombaires qui répondent à la partie la
plus élevée de la crête de l'os des iſles , s'étend ſur cette crête ; au-deſſous de celui-ci , le *Ligament antérieur,
inférieur*, plus court, qui vient de la
partie latérale interne de l'épine poſtérieure inférieure de l'os iléon , ſe termine à la partie inférieure de l'apophyſe tranſverſe de la cinquiéme vertébre lombaire , & s'unit à un *Trouſ-
ſeau de filets* qui s'étend de l'extrémité
de cette apophyſe vers la partie ſupérieure de la premiere fauſſe apophyſe
tranſverſe de l'os ſacrum ; 6o. Le *petit Ligament ſacro-iſchiatique interne* qui
part des apophyſes tranſverſes de l'os
ſacrum & du coccix, & ſe termine à
l'apophyſe épineuſe de l'os iſchion ;
7ᵉ. L'articulation de l'os ſacrum avec
l'os

l'os iléon, composée de deux parties, l'une raboteuse & cartilagineuse, par laquelle ces os sont unis par synchondrose, & l'autre inégale par laquelle ces deux os sont unis par des *Filets ligamenteux* très-courts; (la Symphyse cartilagineuse est au reste couverte en dedans du bassin par une *membrane.*) 8o. La *Commissure cartilagineuse* des os pubis, environnée de *Filets ligamenteux*; 9°. La *Membrane obturatrice* du trou ovale, composée de *Filets ligamenteux* qui s'entrelassent de diverses manieres, percée de plusieurs trous, surtout supérieurement & extérieurement, d'un grand qui forme une espèce de canal oblique par lequel différens vaisseaux peuvent facilement sortir du bassin; 10°. Le *Ligament* de *Poupart* ou de *Falloppe*; c'est un *Trousseau ligamenteux & rond*, qui vient de l'épine antérieure supérieure de l'os des isles, & se porte obliquement vers la partie supérieure de l'os pubis. Tous ces ligamens ainsi préparés, les os des isles se trouveront séparés; examinez-en le *périoste* & les sciez pour en voir la *structure intérieure.*

M

§. II.

Des Ligamens qui uniſſent les Côtes avec le Sternum & avec les Vertébres.

Après avoir enlevé les muſcles ſitués ſur le dos, entre les apophyſes épineuſes & tranſverſes, vous trouverez 1°. En dedans de la poitrine, dans l'endroit où les côtes ſont articulées avec les vertébres, deux *Trouſſeaux ligamenteux* qui de l'extrémité de cette côte s'étendent, l'un ſur le corps de la vertébre ſupérieure, & l'autre ſur celui de la vertebre inférieure; 2°. Sur le dos, les *Ligamens* qui uniſſent les côtes aux apophyſes tranſverſes, ſavoir, les *Ligamens tranſverſaires externes* qui viennent de l'angle de la côte, & ſe terminent à l'extrémité de chaque apophyſe tranſverſe des vertébres du dos; les *Ligamens tranſverſaires internes* ſitués entre la partie ſupérieure de l'extrémité des côtes articulées avec les vertébres & la partie inférieure de l'apophyſe tranſverſe de la vertébre ſituée immédiatement au-deſſus; les *Ligamens externes* du col des côtes, ſitués entre la partie inférieure de l'extrémité

d'une apophyse transverse & la supérieure de l'extrémité de la vertébre
suivante; (on ne peut voir ces derniers
ligamens qu'après avoir enlevé les
muscles transversaires-épineux.) 3°. Les
Ligamens accessoires, qui sont autant de
trousseaux qui viennent comme les pré-
cédens de la partie inférieure de l'extrémité d'une apophyse transverse, &
se terminent à la partie supérieure du
col de la côte suivante, de la sixiéme,
de la septiéme, de la huitiéme & de
la neuviéme côte; les *Productions ligamenteuses* qui s'épanouissent en forme de
rayons de l'apophyse transverse de la
premiere & de la seconde vertébre
des lombes sur le bord inférieur de la
derniere côte. Levez tous ces ligamens; ouvrez la *Membrane capsulaire*;
voyez les *Glandes synoviales*, & détachez les côtes des vertébres : passez
ensuite à la préparation des ligamens
des côtes avec les cartilages, & de
quelques-uns de ces cartilages avec le
sternum. Vous trouverez 1°. vers la face externe antérieure du sternum, les
Trousseaux ligamenteux qui unissent l'extrémité des cartilages des sept vraies
côtes avec le sternum, dont les uns,
sont des *petits Ligamens rayonés* qui s'é-

panouiffent fur la face interne du fternum, & les autres font de *petits Liga-*
mens tranfverfes qui traverfent le fternum ; 2°. Les *Liens* ou les *Filets* blancs
qui uniffent les cartilages entre eux ,
s'étendent du bord inférieur d'un cartilage vers le fupérieur du fuivant , &
couvrent les mufcles inter-coftaux; 3°.
Les *Ligamens* du cartilage xiphoide, qui
font au nombre de deux , & defcen-
dent obliquement de l'endroit où le
cartilage de la derniere des vraies côtes eft articulé au fternum , fur l'extrémité antérieure du cartilage xiphoide. Vous trouverez outre cela ces cartilages recouverts d'une *Membrane très-*
forte qui fe continue d'un côté au périofte de la côte & qui les y unit , &
de l'autre à celui du fternum , & qui
par conféquent fortifie la *Membrane*
eapfulaire des cartilages des fix vraies
côtes inférieures. Ouvrez cette *Mem-*
brane , & examinez les *Glandes fynoviales*
qui arrofent les articulations des cartilages des fix vraies côtes inférieures
avec le fternum & du cartilage xiphoide; ratiffez le fternum, & vous verrez
la *Membrane forte* qui l'environne, fur-
tout vers la partie fupérieure où il eft
toujours dans les adultes compofé de

deux piéces. Les côtes & le sternum ainsi séparés, sciez ces os pour en découvrir la *Structure intérieure.*

§. III.

Des Ligamens de différentes parties de la Tête.

Les ligamens de la tête sont de deux sortes, savoir, ceux qui unissent la tête avec le tronc, & ceux de la machoire inférieure ; nous y joignons aussi les ligamens du larinx, *&c.* Préparez d'abord les ligamens de la machoire inférieure. Pour cet effet, détruisez tous les muscles de la face, le masseter, la glande parotide, le crotaphite, *&c.* & découvrez avec attention l'articulation du condyle de la machoire inférieure : vous verrez 1°. qu'elle est environnée latéralement, postérieurement & un peu intérieurement, de *Filets ligamenteux* qui ne forment jamais de ligamens distincts & qui fortifient la membrane capsulaire ; 2°. Le *Ligament latéral de la machoire,* membraneux, plat, mince, qui vient de la cavité condyloidienne & s'étend vers le trou mentonnier postérieur, entre

le condyle & l'angle de la machoire.
Levez ce ligament & les *Filets liga-*
menteux qui environnent la *Membrane*
capsulaire ; & en les détruisant, observez comme ils sont intimement unis à
une *Lame cartilagineuse* que vous découvrirez en ouvrant la capsule ; cette lame *inter-articulaire* vous paroîtra *ligamen-*
teuse dans sa circonférence, à cause des
filets extérieurs qui lui sont extrêmement adhérens ; & son aire vous sem-
blera *cartilagineuse*, plus épaisse dans un
endroit, moins dans un autre. Séparez la machoire inférieure ; examinez
les *cartilages* qui couvrent les condyles, ceux qui enduisent les cavités dans
lesquelles ces condyles sont reçus; sciez
la machoire inférieure : passez ensuite
à la préparation des *Ligamens* de la tête, & après l'avoir décharnée grossiérement, vous trouverez 1°. l'*Anneau*
membraneux fortifié de quelques *Filets*
ligamenteux qui environnent l'articulation des condyles de l'occipital avec la
premiere vertébre ; 2°. la *Membrane*
forte qui se trouve entre le bord antérieur supérieur de la premiere vertébre
& l'occipital, fortifiée dans sa partie
moyenne par un *Trousseau droit* qui s'é-
tend de l'occipital au tubercule du

bord antérieur de la premiere vertébre ; 3°. Une *Membrane plus mince* &
plus lâche entre le bord postérieur supérieur de la premiere vertébre & l'occipital. Après avoir enlevé ces ligamens, cassez les apophyses épineuses
des vertébres supérieures du col ; ouvrez leur canal ; enlevez la partie postérieure de l'occipital correspondante
aux parties détruites des vertébres, &
éloignez la dure mere ; vous découvrirez alors antérieurement une *Expen-*
sion fibreuse, épaisse, forte, qui du
bord antérieur du trou occipital, se
termine sur la partie postérieure du
corps de la seconde, de la troisiéme
& de la quatriéme vertébre du col ;
détruisez ce ligament peu à peu, &
vous le trouverez très-adhérent à un
Ligament transversal qui s'attache de
part & d'autre à la partie latérale interne des deux masses de la premiere
vertébre sur lesquelles sont tracées les
apophyses obliques ; examinez la *Struc-*
ture particuliére de ce ligament & ses
Appendices ; enlevez-le, & vous observerez sur les parties latérales de
l'apophyse odontoide, & le long de
cette apophyse, des *Filets ligamenteux*
unis en un paquet, qui de chaque cô-

té vont s'attacher à la partie antérieure latérale interne des condyles de
l'occipital; coupez ces ligamens, &
alors la tête se trouvera séparée du
tronc.

§. IV.

Des Ligamens de l'Os hyoïde, du Larynx, de l'Epiglotte, des Paupiéres, de l'Oreille & du Nez.

La tête étant séparée du tronc,
comme nous l'avons dit dans le §.
précédent, il faut couper la trachée-
artére au-dessous du larynx, & laisser
le larynx attaché à la tête; ensuite
dégager avec attention les muscles qui
de l'apophyse styloide, se rendent à
l'os hyoïde, ceux qui environnent le
larynx & les autres muscles de l'os
hyoïde, en observant d'y aller assez
lentement pour ne point endommager
le ligament de ces parties; alors on
voit 1o. Un *Ligament* assez épais s'élever de la petit corne de l'os hyoïde,
& se confondre en partie dans la membrane du pharynx, dans celles qui
environnent les muscles de ces parties, *&c.*

2o. Les ligamens entre l'os hyoïde
&

& le cartilage thyréoïde ; savoir, 1°.
Une espèce de *Membrane ligamenteuse*
qui remplit l'intervalle qui se trouve
entre la partie inférieure de la base
de l'os hyoïde, de ses grandes cornes, & la supérieure du cartilage thyréoïde ; 2°. Un *Ligament rond* qui se
rend de l'extrémité de la grande corne de l'os hyoïde à la supérieure du
cartilage thyréoïde.

3°. Les *Ligamens* entre le cartilage
thyreoïde & le cricoïde, qui font une
Membrane capsulaire autour de laquelle
s'observent quelques *Filets ligamenteux*
fort courts : (ouvrez cette membrane,
& vous verrez les *Glandes synoviales* en
dedans, dans l'endroit où elle est attachée autour des parties articulées de
ces cartilages.) Un autre *Ligament triangulaire*, qui de la partie inférieure du
cartilage thyreoïde, se rend à la supérieure & antérieure du cricoïde.

4°. Les *Ligamens* des cartilages aryténoïdes, savoir, 1°. Le *Ligament commun* qui unit ensemble les deux cartilages aryténoïdes ; 2°. La *Membrane
capsulaire* qui environne l'articulation
de ces cartilages avec le cricoïde,
que vous trouverez aussi fortifiée de
quelques *Filets ligamenteux* ; & en l'ou-

N

vrant , vous découvrirez les *Glandes synoviales* ; 3°. Le *Ligament propre posté-rieur* qui part d'un des bords du sillon qui s'observe à la partie supérieure & postérieure du cartilage aryténoïde, & se rend sur les parties latérales internes de l'arythénoïde ; 4°. Les *Ligamens pro-pres, latéraux, supérieurs,* qui sont plutôt un composé des *petits Filets* de la membra-ne interne du larynx , plus sensibles dans cet endroit qu'ailleurs , qu'un vrai ligament ; (ces filets s'observent sur le bord supérieur de chaque ven-tricule.) 5°. Les *Ligamens propres, laté-raux & inférieurs*, qui sont de même des *filets* de la membrane interne du larynx lesquels s'observent sur le bord inférieur de chaque ventricule , mais qui sont beaucoup plus remarquables que les supérieurs.

5°. En disséquant l'épiglottre , on voit , qu'outre les *trois Brides* que la membrane de la bouche paroît for-mer vers la partie postérieure de la langue, & l'antérieure supérieure de l'épiglottre , outre les membranes qui l'unissent latéralement aux bords latéraux & supérieurs du cartilage thy-reoïde, qu'elle est unie par un tissu cellulaire graisseux & très serré, à la par-

tie antérieure, interne & moyenne, du
cartilage thyreoïde.

6°. Outre le *petit Ligament rond* qui
se présente dans le grand angle de l'œil,
qui unit le tarse à cet angle, & autour duquel les fibres du muscle orbiculaire paroissent concourir dans cet
endroit; on trouve, lorsqu'on a enlevé ce muscle inférieurement au-dessus du conduit des larmes, une *Expansion ligamenteuse* très-forte, qui du
grand angle s'étend sur le bord externe & antérieur de ce conduit.

7°. Après avoir enlevé avec attention la peau qui couvre l'oreille externe, & à laquelle elle est extrêmement adhérente, on voit ce cartilage
uni par beaucoup du tissu cellulaire serré aux parties latérales de la tête; mais,
lorsqu'on l'a peu à peu détruit, on
observe que ce cartilage est en partie
endenté dans le bord inégal du conduit
auditif, & qu'il lui est en partie attaché antérieurement & inférieurement
par une *Production ligamenteuse* qui n'est
autre chose qu'une partie du tissu cellulaire plus serré dans cet endroit;
c'est par un semblable tissu qu'on trouvera les différentes parties de ce cartilage unies entre elles, de même que

les différens cartilages du nez.

Comme nous avons parlé ici des ligamens de quelques parties molles, il pourroit paroître à propos d'y joindre ceux des autres parties molles, tels que les ligamens des lévres, de la langue, de la luette, du foie, des intestins, de la vessie, de la verge, du clitoris, &c. mais comme ce sont plutôt des portions de membranes que des vrais ligamens composés de fibres longues, tels que sont ceux dont il s'agit ici, & que d'ailleurs nous n'avons eu en vuë que d'indiquer les ligamens des os & des cartilages, nous avons crû pouvoir les omettre.

Après avoir examiné tous ces ligamens, on pourra scier verticalement la tête en deux, de la partie antérieure à la postérieure, à côté de la cloison des narines ; on découvrira par ce moyen du côté où la cloison du nez sera conservée, & en enlevant la membrane qui la tapisse, le *cartilage* qui antérieurement est engrainé dans l'angle formé par le concours du vomer avec la lame verticale de l'ethmoïde ; à la partie postérieure supérieure de cette cloison, *celle* des sinus sphénoïdaux qui manque quelquefois ou va-

...ie dans sa situation , son étenduë &
sa figure ; à la partie antérieure & supérieure de cette même cloison , *celle*
des sinus frontaux qui manque quelquefois & varie comme nous l'avons
dit de celle des sinus sphénoïdaux. On
pourra observer dans la coupe opposée ; 1°. Deux cornets les plus considérables, situés horizontalement , &
entre lesquels on voit quelquefois dans
la partie moyenne un trou qui s'ouvre
dans le sinus maxillaire ; mais en détruisant la partie antérieure du supérieur , on trouve derriere, une petite
élévation, à la partie inférieure de laquelle on rencontre un petit conduit
qui aboutit dans le sinus maxillaire,
à la supérieure antérieure un autre qui
se rend dans le sinus frontal de ce côté , & à la supérieure postérieure l'ouverture des sinus ethmoïdaux ; 2°. A
la partie postérieure supérieure du cornet supérieur , se voit l'ouverture du
sinus sphénoïdal de ce côté ; 3°. A la
postérieure inférieure du cornet inférieur *l'orifice de la trompe d'Eustachi.* On
disséquera cette trompe avec attention
pour en découvrir la partie cartilagineuse. Ceci étant fait , il faudra scier
horizontalement la portion de la cou-

pe dans laquelle on a conſervé les cloiſons, en portant la ſcie entre les deux cornets dont nous venons de parler ; & par ce moyen on découvrira les *Sinus maxillaires.* On peut, ſi on le juge à propos, faire différentes autres coupes des os de la tête pour prendre une idée de leur différente épaiſſeur dans leurs différentes parties, quoique cette épaiſſeur varie beaucoup. Quant à la préparation des différens os de la tête, nous l'indiquerons dans le Livre ſuivant.

§. V.

Des Ligamens qui uniſſent la Tête au Tronc.

Après avoir préparé les différentes parties de la tête, comme nous l'avons indiqué §. III. & IV. enlevez la dure-mere de la partie inférieure du crâne, & vous trouverez extérieurement, vers le trou occipital, les *Membranes ligamenteuſes* qui uniſſent cet os antérieurement & poſtérieurement aux arcs de la premiere vertébre. Paſſez de-là à la préparation des *Ligamens* qui uniſſent les condyles de l'occipital aux apophyſes obliques ſupérieures de

la premiere vertébre. Observez antérieurement un *trousseau ligamenteux* qui
se détache du bord antérieur du trou
occipital, & se termine au tubercule
de l'arc antérieur de la premiere vertébre. Cassez ensuite les apophyses
épineuses des vertébres du col; enlevez la partie postérieure de l'occipital;
détruisez la dure-mere qui revet le
canal de l'épine dans cet endroit; &
il se présentera à la partie postérieure
du corps de la seconde, troisiéme
vertébre du col, *&c.* un *Ligament
fort*, qui descend de l'occipital, couvre l'intervalle qui se trouve antérieurement entre cet os & la partie antérieure de la premiere vertébre, s'é-
tend sur les ligamens de l'apophyse
odontoide de la seconde, s'attache
principalement au corps de la seconde vertébre, & se perd sur le milieu
du corps de la troisiéme & de la quatriéme : la *partie* la plus antérieure de
ce ligament vient du sommet du bord
du trou occipital. Après avoir enlevé
ce ligament, vous trouverez le *ligament
transversal* de la premiere vertébre; §.
6. puis l'ayant détruit, vous découvrirez les *ligamens latéraux* qui s'élévent
des parties latérales de l'apophyse

odontoïde, & se terminent au bord
antérieur du trou occipital. Vous observerez aussi une *membrane ligamenteuse* à
côté de ces ligamens, laquelle s'élé-
ve vers les parties latérales du bord
antérieur du trou occipital.

§. VI.

Des Ligamens des Vertébres.

Les *Ligamens* des vertébres sont *propres & communs*; & de ceux-ci, les uns
sont propres à toutes les vertébres du
col, d'autres sont communs à toutes
les vertébres, d'autres enfin sont les
mêmes entre chacune des vertébres,
soit entre le corps des vertébres ou entre leurs apophyses.

1°. Les *Ligamens propres des vertébres
du col*, sont le *Ligament transversal* dont
nous avons parlé §. III. lequel s'étend
de la partie latérale interne d'un côté
de la premiere vertébre à la même du
côté opposé; 2°. Les *Appendices* de
ce ligament, une *supérieure*, l'autre *inférieure* : en découvrant avec attention
l'*inférieure*, vous verrez qu'elle n'est
qu'une enveloppe continue, qui couvre toute la partie postérieure de la

racine de l'apophyfe odontoïde , &
qui fe termine par des filets convergens dans le corps de la feconde vertébre. Il eft facile de la confondre avec
l'expenfion fibreufe indiquée ci - devant §. III. parce qu'elle lui eft intimement unie , ou de faire un plus grand
nombre de trouffeaux de fibres. L'*Ap-
pendice fupérieure* a une direction contraire à l'inférieure. 3.º. Le *Ligament*
propre de la premiere vertébre , placé
de part & d'autre dans la partie latérale de la face antérieure , & qui s'é-
tend de l'apophyfe tranfverfe, obliquement en haut, jufqu'à l'arc antérieur
auquel vous trouverez les mufcles petit droit & droit latéral attachés d'un
côté , & de l'autre, l'inter-tranfverfaire
du col.

20. En examinant la colonne de l'é-
pine en devant , vous verrez une *Ban-*
de ligamenteufe s'étendre du tubercule
externe de l'anneau antérieur de la
premiere vertébre fur la partie du corps
des vertébres , jufqu'à la premiere des
lombes où il paroît fe terminer , le tendon des pilliers du diaphragame en
tenant lieu fur les autres vertébres des
lombes.

3.º. En examinant l'épine en arriere,

vous verrez les *Cordons ligamenteux* qui
s'étendent de l'extrémité d'une apophyse épineuse à l'autre.

4°. Vous trouverez entre les apophyses transverses de la cinquiéme,
de la sixiéme, de la septiéme, de la
huitiéme, de la neuviéme, de la dixiéme & quelquefois de la onziéme,
des *Ligamens droits, longitudinaux*, qui s'é-
tendent de l'extrémité de chaque apophyse à la suivante.

5°. Vous observerez les *ligamens* des
apophyses obliques ; après les avoir
examiné, vous ouvrirez la *Membrane
capsulaire* pour découvrir les *Glandes synoviales* de chacune des articulations de
ces apophyses, & les cartilages qui les
couvrent.

6°. Sciez toute la colonne de l'épine
en deux, en portant la scie dans les
échancrures qui forment les trous latéraux de l'épine , & vous découvrirez à la partie postérieure du corps
des vertébres, le *Ligament commun postérieur* , couché comme la bande ligamenteuse (n. 2.) le long du corps de
ces vertébres. Vous trouverez outre
cela les corps des vertébres, excepté
ceux de la premiere & de la seconde,
séparés par une *masse singuliére*. Pour

l'examiner, levez les bandes ligamenteuses dont nous venons de parler, & vous observerez une surface ligamenteuse, blanchâtre, composée de filets très-distincts, qui forment différentes couches dont les filets paroissent avoir des directions opposées : c'est entre ces couches & ces filets que se trouve une *substance mucilagineuse* plus sensible entre les couches du milieu.

60. Faites attention aux ligamens qui unissent les bords postérieurs des vertébres, & vous trouverez les espaces qu'elles laissent postérieurement entr'elles, remplis de part & d'autre par un ligament jaune, très-considérable & très-fort.

Après avoir disséqué tous ces ligamens, sciez le corps des vertébres & leur partie postérieure pour en examiner la *Structure intérieure.*

LIVRE TROISIE'ME,

DE LA SQUELE'TOPE'IE,

Ou de la maniere de préparer les Squeletes.

ON doit avoir une connoiffance parfaite des os , avant que de cultiver les autres parties de l'Anatomie. Or comme il eft difficile d'avoir en tout tems des os frais ; que d'ailleurs les Etudians ont la mémoire foible , & qu'ils ne peuvent fe repréfenter les objets à moins qu'ils ne les ayent toujours fous les yeux ; l'art qui donne les moyens de préparer, de défefcher & de conferver les os , a obvié à cet inconvénient.

On doit obferver, fi on eft à portée d'avoir un grand nombre de cadavres , que les os des vieux fujets font les plus propres pour conftruire des Squeletes, parce qu'ils font de plus de durée , & qu'ils fe carient moins facilement.

La Squelétopeie fe réduit à deux préparations.

L'une confifte à nettoyer les os , l'autre à les affembler.

On employe différens moyens pour
nettoyer les os.

CHAPITRE PREMIER.

Comment on doit séparer les Os.

COmme il est difficile d'avoir un
vase assez grand pour contenir un
sujet entier, on est obligé de séparer
les os les uns des autres ; il est même nécessaire de le faire pour en tirer la moëlle, qui en transudant, les
rendroit jaunes par la suite.

Pour peu que l'on connoisse les os,
on imagine facilement le moyen de les
séparer les uns des autres ; & dans le
cas où l'on n'en auroit aucune connoissance, pour peu que l'on veuille faire
d'attention, il sera facile de les découvrir en séparant les autres parties, observant néanmoins de ne pas ratisser la
membrane qui les environne, parce
que lorsqu'ils en sont dépouillés, on
a beaucoup plus de peine à les faire
blanchir.

On trouve facilement la jointure de
tous les os qui se meuvent les uns sur

les autres ; il est un peu plus difficile d'observer celle de ceux qui sont unis sans mouvement apparent ; mais dans ces deux cas, lorsque les autres parties sont emportées en gros, on distingue aisément l'endroit de ces articulations.

Quoique la tête soit composée de plusieurs os, ils sont si étroitement unis qu'ils requiérent une préparation différente. Il faut donc l'ôter ; & pour le faire plus commodément, on portera un couteau ou un scapel entre la quatriéme & cinquiéme vertébre du col environ, antérieurement, dans le milieu de la substance qui unit ces vertébres ; on coupera cette substance ; puis faisant tourner & retourner la tête sur le tronc, on verra les endroits par lesquels ces deux vertébres sont unies postérieurement. En coupant les ligamens qui les tiennent unies, la tête sera séparée du tronc ; on enlevera les unes après les autres toutes les vertébres qui sont restées avec la tête ; ensuite avec un instrument en forme de spatule creuse , indiqué *Planche* 1re. qu'on passera en-dedans de la tête par le grand trou occipital , on en tirera le cerveau.

En coupant toutes les autres parties, on doit observer antérieurement dans le col le larynx ; comme il est composé de parties osseuses & cartilagineuse, on ne peut le conserver qu'en ôtant avec bien de la patience toutes les autres parties. Lorsqu'on l'aura bien découvert, on remarquera à sa partie supérieure l'os hyoïde ; à la partie supérieure & moyenne de cet os, deux petits os, un de chaque côté de la grosseur d'une grosse tête d'épingle ; ces petits os se meuvent sur l'os hyoïde ; on les y laissera néanmoins attachés ; mais on suivra obliquement en haut & extérieurement le ligament qui de chaque côté attache ce petit os à une éminence de la tête qui a la figure d'un stilet, & que l'on doit bien observer pour la conserver. On coupera ce ligament que l'on trouvera quelquefois ossifié, & alors on peut laisser l'os hyoïde attaché à la tête. En suivant l'os hyoïde vers ses parties latérales & postérieures, on voit une petite tête arondie qui les termine, & un ligament qui de-là l'unit inférieurement avec une pareille tête du cartilage thyréoïde ; on coupera ces ligamens, on prendra le reste du larynx ; & si on

veut avoir la patience de séparer les
autres parties sans altérer les cartilages qui sont ordinairement tous offi-
fiés dans les sujets avancés en âge,
on pourra les conserver en observant
de les tendre de maniere qu'en séchant
ils puissent à peu près rester dans leur
situation naturelle.

Pour séparer les deux clavicules,
faites mouvoir l'épaule sur le tronc,
& vous observerez vers l'endroit du
col, qu'on appelle la *fourchette* ou la
fossette, l'articulation de ces os avec le
sternum ; vous en couperez les ligamens ; l'extrémité supérieure sera ainsi
séparée du tronc. Vous diviserez de
même tous les os de cette extrémité.
Quant à la main, vous pourrez la conserver entiere.

Coupez les cartilages qui unissent les
côtes avec le sternum dans l'endroit où
ces cartilages sont unis avec les côtes ;
conservez aussi les cartilages des fausses côtes unis avec ceux des vraies ;
mettez ensuite le sternum (que vous
aurez nettoyé en le faisant macérer
pendant deux ou trois jours dans l'eau,
sans en séparer les cartilages,) sur de
la terre glaise figurée de maniere que
le sternum & les cartilages appuyés

dessus

dessus puissent rester dans leur situation naturelle, & se sécher.

Faites mouvoir doucement chaque côte dans l'endroit de leur articulation; séparez-les, & liez ensemble toutes les côtes d'un même côté dans l'ordre où elles se suivent. Séparez de même chaque vertébre; & lorsque vous serez parvenu vers le bassin, laissez unis ensemble tous les os qui le forment, & ôtez-en l'extrémité inférieure en vous y prenant de même que ci-dessus pour l'extrémité supérieure.

CHAPITRE SECOND.

Comment il faut percer les Os.

TOus les os ainsi préparés, il faut principalement percer les os longs par leur extrémité, afin de laisser à la moëlle un endroit ouvert pour s'écouler. Quant aux autres os, il est assez difficile d'en tirer exactement la moëlle; au reste leurs pores sont si grands qu'elle s'en écoule assez bien.

Pour percer les os, approchez-les les uns des autres comme ils l'étoient

O

dans leur état naturel, ou du moins
confidérez-les dans cet état, & faites
en forte que le trou que vous ferez à
ces os puiffent fervir, lorfque vous
les unirez les uns avec les autres, à
imiter l'efpèce d'articulation naturelle
de ces os.

CHAPITRE TROISIE'ME.
De la façon de nettoyer les Os.

Les os ainfi percés, il s'agit de les
nettoyer. Les trois moyens dont on
peut fe fervir, font de les faire macérer, de les faire boüillir, ou enfin de
les expofer aux vers.

Pour les faire macérer, vous obferverez de les mettre dans un vafe de
terre préférablement à tout autre ; ils
fe noirciffent dans un vafe de fer ; ils
fe macérent moins promptement , &
ils deviennent moins blancs dans des
vaiffeaux de bois. On ne peut guéres
déterminer le tems qu'on doit laiffer les
os en macération ; la chaleur de la fai-
fon & la tiffure difĺćrente des os entrent pour beaucoup dans tout ceci :
ce qu'on peut dire en général ,
c'eft que la chaleur hâte beaucoup la
macération , & que les os fpongieux

doivent y être tenus moins long-tems.
Au reste en regardant de jour à autre
l'état dans lequel les os se trouvent,
on ne tombe point dans ces inconvé-
niens. Placez le vaisseau dans l'endroit
le plus exposé à la chaleur; & si c'est
dans l'hyver, versez de tems en tems
dessus de l'eau tiéde pour empêcher
qu'elle ne se gêle. Quelques-uns con-
seillent de changer l'eau de la macération, au moins tous les trois jours;
néanmoins il vaut beaucoup mieux
laisser toujours la même, couvrir le
vaisseau pour empêcher la trop grande
évaporation, & ajouter, si on veut hâ-
ter la macération, une livre de soude
ou de cendre gravelée. Lorsque toutes
les autres parties se sont détachées des
os, ou qu'elles peuvent s'en détacher
aisément, retirez-les avec des pincettes, mettez-les dans de l'eau propre;
& après les avoir lavé à plusieurs re-
prises, versez dessus de l'eau jusqu'à
ce qu'elle reste claire : enlevez avec un
couteau ou scapel les autres parties qui
feroient encore adhérentes aux os. Il
est à propos de mettre la tête, les mains,
& les pieds dans un vaisseau particulier, pour conserver les petites éminences de la tête lesquelles se cassent aisé-

ment, & pour ne point perdre aucune
des os des pieds & des mains qu'on ne
doit mettre macérer qu'après les avoir
enveloppés au large & féparément dans
un linge.

On nettoye plus promptement les
os en les faifant boüillir. Il faut pour
cet effet les mettre dans un vafe de
terre, verfer de l'eau jufqu'à trois pou-
ces environ au-deffus, les faire enfuite boüillir, en obfervant de ne point
les expofer d'abord à un trop grand
feu, afin que les os ainfi tenus dans
une chaleur approchante de la naturelle, les fucs lymphatiques puiffent fe
fondre & s'en détacher. Lorfqu'on les
aura bien écumé, on augmentera le
feu.

On ne peut déterminer le tems pendant lequel on peut les faire boüillir;
au refte, pour peu qu'on foit entendu,
on verra qu'il y a des os qui doivent
refter plus longtems, d'autres moins;
tels font les os fpongieux. On doit de
tems en tems les tirer de l'eau pour
s'affurer de l'état dans lequel ils font.

La macération eft toujours préféra-
ble à l'ébullition, parce que dans l'é-
bullition les membranes qui revêtent
les os minces, tels que font les os du

nez, l'os ethmoïde, &c. venant à se resserrer, brisent ces os ; d'ailleurs les os ne deviennent jamais si blancs. D'autres laissent macérer les os pendant quelque tems, & les font ensuite boüillir.

Le troisiéme moyen pour nettoyer les os, est de les exposer, lorsqu'ils sont encore environnés de parties molles, dans les endroits chauds, où les insectes puissent s'y mettre. Les vers emportent exactement toutes les autres parties, & ne laissent que les os. C'est peut-être là un des meilleurs moyens pour les avoir entiers : on peut néanmoins, pour qu'ils blanchissent plus aisément, les faire boüillir, & en détacher ainsi les sucs lymphatiques & la moëlle que les insectes n'ont pû détruire.

Les os de la tête exigent une préparation particuliére.. On doit surtout bien prendre garde en tirant la tête de la macération, de ne rompre aucune des éminences qui sont à sa base. Sitôt qu'on aura ôté toutes les parties qui ne sont pas osseuses, on l'exposera de nouveau à la macération que l'on prolongera tant que les os de la tête puissent se séparer facilement, & on choi-

fit pour cet effet la tête d'un fujet entre dix & dix-huit ans. On peut féparer plus promptement ces os , & dans
l'efpace de huit à dix heures environ ,
en rempliffant la tête de pois bien fecs,
& en bouchant le trou occipital avec
du liége ; pendant ce tems les pois fe
gonflent , écartent les os les uns des
autres ; mais il arrive auffi quelquefois
que les os fe caffent. Au refte on doit
prendre des mefures pour féparer ceux
qui ne font fimplement qu'ébranlés , &
les plus difficiles à défunir, tels que font
les os du palais , l'os ethmoïde. Nous
ne finirions pas s'il falloit entrer dans
tous les petits détails aufquels un peu
d'intelligence peut fuppléer. Nous devons cependant avertir que lorfqu'on
veut avoir des os plus blancs qu'ils ne
le font après toutes ces préparations ,
il faut encore, dans des tems convenables , les expofer à la rofée fur les tuil-
les , & encore mieux fur l'herbe ; les
mouiller de tems en tems , & les retourner pour les blanchir également.

CHAPITRE QUATRIE'ME.

Des Notes caractéristiques des Os.

APrès avoir fait blanchir les os, il arrive assez ordinairement que la plûpart des os, surtout les petits, sont dérangés par le vent ou par quelqu'autre accident, & qu'ils se confondent les uns avec les autres ; cela fait d'autant plus de peine, qu'on ne peut quelquefois les reconnoître qu'avec assez de difficulté.

Voici donc des caractéres qui supposent néanmoins que ceux qui en voudront faire usage, aient déja quelque connoissance des os, notre but n'étant pas ici de faire une histoire complette de os, mais simplement d'en indiquer les caractéres distinctifs.

1°. Il seroit inutile de nous arrêter aux os de la tête ; car il est rare qu'elle soit divisée en plus de deux piéces, & il est facile de les réunir. En effet, pour monter un Squelete, il ne s'agit pas de démonter la tête ; & s'il arrive que pendant la macération, les dents soient tombées, il est facile de recon-

noître leur place , pour peu d'attention
qu'on faſſe à la différence qu'il y a entre les dents inciſives , canines & molaires , & à la proportion des alvéoles
qui les reçoivent.

2°. Pour ranger les vertébres , nous
admettrons la diviſion générale qu'on
en fait en cervicales , dorſales & lombaires ; chacune de ces eſpéces ayant
les caractéres particuliers. Car comme
en général l'épine du dos augmente
en force & en épaiſſeur du commencement à la fin , il eſt facile de voir
que les vertébres du *col* ſont les plus
petites , celles des *Lombes* les plus
grandes , & que celles du *dos* ſont
moyennes ; cependant telles , que plus
elles ſont *inférieures* , plus elles deviennent *groſſes.* Le *corps* des vertébres
du *col* eſt plus *large* par rapport à la
hauteur que dans les autres vertébres ;
le *corps* des vertébres ſupérieures du
dos paroît à peu près garder la *même*
proportion , la *hauteur* & la *largeur* paroiſſent devenir plus *grandes* dans les
autres ; la *hauteur* eſt *conſidérable* dans
les vertébres qui ſuivent celles-ci , enfin la *largeur* dans le *corps* des vertébres inférieures des lombes eſt plus
remarquable que la *hauteur.* Les vertébres

tébres du *dos* ont outre cela sur les parties latérales de leur corps, des *petits sinus* qui reçoivent la tête des côtes. Les vertébres du *col* ont leurs *apophyses épineuses très courtes*, & ordinairement divisées en deux, si on en excepte la *septiéme* & la *premiere* : Les *dorsales* ont aussi ces *apophyses longues*, situées très - obliquement de haut en bas par rapport à leur corps, excepté les *deux dernieres* qui paroissent s'élever *transversalement*, & imiter celles des *lombaires* qui les suivent. Effectivement, les *lombaires* ont les *apophyses épineuses, plus courtes, plus larges, situées horisontalement & transversalement*. Enfin les *apophyses transverses* des vertébres empêchent qu'on ne puisse se *tromper* ; car ces *apophyses* dans les vertébres du *col sont percées* pour le passage des vaisseaux cervicaux ; les *apophyses transverses* des vertébres du *dos*, *ont antérieurement* sur leur extrémité, une *petite facette cartilagineuse*, par laquelle elles s'articulent avec les côtes. Ces *apophyses* dans les vertébres des *Lombes* sont simples, droites & la plûpart pointues ; ainsi pour ne point déranger les vertébres, & ne point mettre supérieurement celles qui doivent être in-

férieures, ou par hazard les renverser,
on doit faire attention que les *facettes*
articulaires de leurs apophyfes obliques fupérieures, *regardent* en général
poftérieurement, ou *latéralement & intérieurement*; que celles des inférieures,
*regardent antérieurement, latéralement & ex-
térieurement*. Voilà les caractéres généraux des vertébres.

Préfentement, pour mettre en ordre chaque efpèce, après les avoir
réunies enfemble, on trouve en partie en tatonant, en partie par les
caractéres généraux dont nous avons
parlé ci-deffus, celles qui doivent êtrе
placées les unes fur les autres; & enfin par d'autres moyens que nous allons indiquer: par exemple, on doit
faire attention que la premiere vertébre du col *n'a point de corps ni d'apophyfe épineufe*, que cette *apophyfe eft très-
longue dans la feptiéme*; que la feconde
vertébre fe diftingue facilement par
l'apophyfe odontoide; qu'outre cela, dans la
premiere vertébre, les *cavités* des apophyfes obliquesquireçoiventles condyles de l'occipital font plus profondes, &
plus oblongues que les inférieures; que
les aures vertébres du *col* ont leurs *apophyfes* d'autant *plus longues* qu'elles font

plus inférieures. Que les *petits sinus* qu'on observe sur les vertébres du *dos* en facilitent l'arrangement ; car comme les côtes, excepté la premiere & la derniere, s'implantent sur les bords de deux corps voisins de deux vertébres, c'est là pourquoi chaque vertébre a de part & d'autre sur les bords latéraux, supérieurs & inférieurs de son corps, *un sinus ;* mais plus les vertébres sont *inférieures* plus *ces sinus* deviennent *petits,* & ils le deviennent de plus en plus dans le bord inférieur, jusqu'à ce qu'ils disparoissent enfin dans les trois avant-dernieres vertébres, & que la douziéme côte s'articule dans la *partie presque moyenne & latérale* du corps de la douziéme vertébre, où se trouve *ce sinus.* Les vertébres des lombes, outre *l'augmentation successive* de leur corps, ne paroissent point avoir d'autres caractéres particuliers, sinon que *l'apophyse transverse* de la troisiéme est plus longue, qu'elle décroit dans les autres, suivant qu'elles sont plus éloignées de cette troisiéme, & que les apophyses *obliques & supérieures, sont tournées* plus latéralemeut & *intérieurement*, les *inférieures* au contraire plus latéralement & *extérieurement,* & les inférieures plus que les supérieures.

3°. L'Os sacrum est très-facile à mettre en situation, pour peu qu'on y fasse d'attention ; mais il arrive quelquefois que les petits os du coccyx se séparent.   On reconnoîtra facilement leur situation par leur *facette articulaire* qui reçoit la partie inférieure de l'os sacrum, par leur *pointe* qui doit être inférieure, par leur *face applatie* qui doit regarder en-dedans du bassin, & par conséquent par leur *face convexe* opposée à celle-ci.

4°. Pour ranger les côtes, il faut d'abord réunir celles d'un même côté, ensuite faire attention dans quel ordre elles se doivent suivre ; après cela distinguer quelle collection appartient au côté droit, & quelle est celle du côté gauche. Pour parvenir au premier but, observez que toutes les côtes d'un même côté ont un certain rapport dans leur *figure* ; de sorte que *la courbure de leur extrémité qui regarde en haut & en bas*, en partie *leurs bords inférieurs*, & en partie sur-tout *les petits tubercules* qui servent à l'articulation des côtés avec les vertébres, ont la *même direction* & la *même position*. Prenez donc quelques côtes,

par exemple, la plus longue ; compa-
rez-la avec les autres ; si tout ce donc
nous venons de parler se trouve disposé de la même maniere dans une autre côte , ces deux côtes sont du
même côté, sinon l'une appartient à
un côté, & l'autre au côté opposé.
Quant à l'ordre des côtes , voici celui qu'elles gardent entr'elles : la *pre-*
miere est la *plus courte* , la *plus large* & la
plus courbe ; plus elles sont *inférieures*
& moins leur courbure particuliere est gran-
de,& plus elles approchent d'être droites ; desorte que la *derniere* qui est
aussi *courte* que la *premiere* , est cependant *moins large* & plus *droite*. D'ailleurs
la *petite inégalité* qui s'observe dans la
partie postérieure & moyenne de leur
courbure postérieure , est d'autant
plus éloignée du tubercule articulé avec
les vertébres, que les côtes sont inférieures. Les côtes sont outre cela
de plus en plus longues de la premiere à
la cinquiéme. La *cinquiéme* & la *sixiéme*
sont ordinairement *aussi longues* l'une
que l'autre. La *longueur* des côtes *di-*
minue de la *sixiéme* à la *douziéme.* Leur
courbure , leur *longueur* , &c. sont donc
des caractéres qui peuvent les faire
distinguer. Cependant en voici enco-

re un tiré de l'extrémité poſtérieure des côtes ; en effet cette *extrémité* renfermée entre l'apophyſe tranſverſe & le corps des vertébres, eſt *mince, ronde & longue* dans les quatre côtes ſupérieures, & devient toujours de *plus en plus épaiſſe, plus large & plus courte* dans les côtes ſuivantes. Ce caractére a ſurtout lieu dans les dix côtes moyennes. On doit mettre la premiere & la derniere côte à part, juſqu'à ce qu'on ait connu à quel côté appartient chaque collection. Il faut donc placer devant ſoi, ſur une table, vingt ou dix-huit côtes, (car ce caractére manque quelquefois dans la onziéme) de ſorte que les *extrémités poſtérieures* ſoient à *droite*, les *antérieures* à *gauche*, & leur *courbure en devant*. Les côtes qui dans cette ſituation laiſſent voir *la facette* par laquelle elles ſont articulées avec l'apophyſe tranſverſe, ſont du *côté droit*, & les autres appartiennent au *côté gauche*. Dans cette poſition on obſerve auſſi la *gouttiere* qui ſe rencontre à la lévre inférieure des côtes *du côté droit*, tandis qu'elle eſt cachée dans les côtes gauches. On doit ſe ſouvenir de ce qu'on a dit ci-deſſus, en parlant des vertébres : *que les vertébres ont sur les bords latéraux de leurs corps des petits sinus qui reçoivent les côtes, & que cette articulation des côtes se fait sur les petits sinus voisins des corps de deux vertébres.* En effet on verra la *tête de la côte*, par exemple, de la septiéme qui est reçue dans le sinus du corps de la septiéme vertébre, *surpasser en grandeur & en largeur la facette reçue dans la hui-*tiéme avec laquelle elle fait un angle obtu, parce que cette même côte est aussi articulée avec le sinus infé-rieur du corps de la sixiéme verté-bre ; mais comme la douziéme & quelquefois la onziéme n'ont pas de semblables connexions avec la verté-bre supérieure, & que leur facette articulaire avec les apophyses transf-verses s'efface, il est facile de se tromper dans l'arrangement de ces deux côtes. Cependant si on fait at-tention *à une tubérosité qui se rencontre vers leur partie articulée avec leur vertébre, & qui est située de maniere que ces côtes sont attachées par des ligamens à la ver-tébre qui les précéde,* on ne peut s'y tromper. Enfin on distinguera les pre-mieres côtes l'une de l'autre en les mettant devant soi, de maniere que

P iiij

l'extrémité postérieure réponde à la main droite, l'antérieure à la gauche ; alors celle dont *l'extrémité postérieure s'éleve en haut*, appartient au *côté gauche*. Outre cela *la face inférieure* de la premiere côte qui répond à la cavité de la poitrine est *légérement convexe*, la *supérieure* est *inégale & raboteuse* vers son extrémité postérieure.

5°. Le sternum se divise ordinairement en deux pieces, dont les Auteurs ont comparé la supérieure à la poignée d'une épée, & l'autre à la lame. La premiere piéce est en quelque façon *triangulaire*, *extérieurement raboteuse*, *plane intérieurement*. L'inférieure est à peu près *longue de six*, & environ *large d'un pouce*, & se termine tantôt en *une*, tantôt en *deux pointes* auxquelles le cartilage xyphoyde est attaché : ce cartilage est semblablement *inégal extérieurement, poli intérieurement, & légérement concave.*

6°. L'omoplate droite se distingue de la gauche en tournant leur face postérieure externe, de façon que *l'épine* qui se termine vers l'acromium *soit située obliquement de bas en haut vers l'acromium*, & que la *cavité glénoïde soit tournée de maniere à recevoir la tête de l'humerus.*

70. La clavicule a deux extrémités, dont l'une triangulaire s'articule avec le sternum, & s'appelle *sternale* ; l'autre applatie située sur l'apophyse coracoïde, & se nomme *humérale.* Cette derniere portion est *inégale & raboteuse* dans sa face inférieure. D'ailleurs *le corps* de la portion sternale est courbe antérieurement, & le corps de la portion humérale est courbe postérieurement.

80. les os innominés, qui dans les adultes ne forment plus qu'une seule piéce, ont une grande cavité pour l'articulation de la tête du fémur. L'iléon est poli latéralement & extérieurement, convexe antérieurement, concave postérieurement, au lieu que dans sa face latérale interne il est concave antérieurement, inégal & raboteux postérieurement, surtout dans l'endroit où il est articulé avec l'os sacrum.

90. L'humérus, le cubitus, le radius, le fémur, le tibia & le péroné ont entr'eux ce rapport, qu'ils sont les os les plus longs du Squelete. Voici les notes qui les caractérisent. Le fémur est le plus long & le plus épais de tous ces os; il a supérieurement une tête située obliquement par rapport à

son corps, une grande apophyse qu'on
nomme grand trochanter, opposée à
cette tête , & inférieurement deux
condyles. Le corps de cet os est cour-
bé de maniere que dans la situation
naturelle , cette courbure regarde antérieurement ; si bien qu'en plaçant cet
os de sorte que sa tête soit supérieure
& en dedans , cette courbure en-devant , on distingue facilement le fémur droit du gauche.

10°. Les tibia sont les plus gros os,
tant par rapport à leurs corps, que par
rapport à la grosseur de leur extrémité
supérieure , sur laquelle sont tracées
des cavités glénoïdes, séparées par une
éminence angulaire ; leur extrémité inférieure qui regarde le talon , a latéralement & intérieurement une éminence qu'on appelle malléole interne. Le
corps de cet os étant triangulaire , un
de ses angles, appellé la crête , qui
répond à une grosse tubérosité de son
extrémité supérieure, est situé antérieurement dans l'état naturel.

Placez donc ces deux os de maniere que la grosse extrémité soit en haut,
que la malléole soit en bas , latéralement & intérieurement, & la crête en
devant ; il sera facile alors de distin-

...guer le tibia droit du tibia gauche.

11°. Le *péroné* se distingue des autres os longs, parce qu'il est *moins gros*, & par la *figure prismatique* de son corps, & par ses *deux extrémités*, dont la *plus épaisse*, la *plus courte* & la *plus ronde*, est *supérieure*; la *plus mince*, la *plus large* & la *plus longue*, est *inférieure*, & porte *latéralement* & *intérieurement* une *facette articulaire*, au lieu que cette facette se trouve tracée *supérieurement* dans l'extrémité supérieure. Outre cela l'*angle le plus aigu* du corps de cet os est *situé antérieurement*, de maniere que si on met l'extrémité la plus grosse en haut, la facette articulaire de l'extrémité inférieure en-dedans, l'angle le plus aigu du corps en-devant, on connoîtra par ce moyen le péroné droit du gauche.

12°. Les deux rotules ont la face qui regarde le fémur, unie, polie, revêtue d'un cartilage, & élevée dans la partie moyenne : l'extérieure est convexe & inégale. Elles se terminent en pointe inférieurement ; leur bord latéral interne est plus épais que l'externe. Placez donc les rotules de maniere que leur face polie regarde le fémur, que leur pointe soit inférieure, & que leur bord latéral le plus épais soit intérieur ;

alors vous connoîtrez facilement la rotule gauche de la rotule droite.

13°. Trois os forment le bras ; l'humérus, le radius & le cubitus. L'humérus est le plus long & le plus gros :
son extrémité supérieure se termine
par une espèce de de miglobe situé obliquement par rapport à son corps, &
par deux éminences entre lesquelles
s'observe une sinuosité ; & il se trouve à son extrémité inférieure une grande
fosse destinée à recevoir l'olécrane.
Pour reconnoître l'humérus droit du
gauche, mettez-en la tête supérieurement & de maniere qu'elle regarde latéralement & intérieurement, & que
la grande cavité inférieure soit postérieure.

14°. Le cubitus & le radius se ressem-
blent assez quant à leur corps ; mais
l'extrémité inférieure du radius est la
plus grosse, au lieu que dans le cubitus, c'est la supérieure où s'observe
l'olécrane & les cavités semi-lunaires
qui reçoivent la partie inférieure de
l'humérus. Le cubitus se termine inférieurement par une petite tête accompagnée latéralement & presque postérieurement d'une petite apophyse styloide. L'extrémité supérieure du radius

reſſemble à un petit globe applati , ſur lequel eſt creuſée une petite cavité glénoïde : c'eſt ſur ſon extrémité infé-rieure que la cavité qui reçoit le carpe eſt tracée. Le cubitus a dans ſon ex-trémité ſupérieure latéralement & ex-térieurement, une eſpèce de petit ſinus ſémi-lunaire qui reçoit la tête du ra-dius. Il s'en trouve un ſemblable ſitué latéralement & extérieurement dans la partie inférieure du radius, pour rece-voir l'extrémité inférieure du cubitus. Tous ces caractéres ſuffiſent pour diſ-tinguer le cubitus & le radius droit du gauche. Le cubitus droit ſe diſtingue du gauche par la petite facette ſémi-lunaire ſupérieure qui reçoit la tête du radius, laquelle dans la ſituation na-turelle de cet os , doit être latérale & extérieure. Le radius droit différe de même du gauche, en ce que la facet-te ſémi-lunaire qui reçoit inférieure-ment la tête du cubitus , doit être ſi-tuée latéralement & intérieurement. Le cubitus & le radius différent en-tr'eux, en ce que le cubitus eſt plus long , &c.

150. Les os du carpe & du tarſe ont cela de commun, qu'ils ſont les os les plus irréguliers de tous ceux du Sque-

lete. Les os du tarse font prefque tous
plus gros que ceux du carpe, & ceux
du tarfe qui approchent le plus de la
groffeur des os du carpe font fem-
blables à des petits coins, caractéres
fuffifans pour diftinguer ces os. Voici
les caractéres des os du carpe. Ces os
font diftingués en deux rangs, quatre
dans le rang fupérieur, & quatre dans
l'inférieur. Le premier & le fecond
des os du premier rang font convexes,
unis & polis dans leur partie articulée
avec le radius; le troifiéme eft articulé latéralement & extérieurement
avec le fecond; le quatriéme eft articulé fimplement avec le troifiéme :
outre cela le premier & le fecond
forment inférieurement, dans la face
oppofée à leur convexité reçue dans
le radius, une cavité commune, pro-
fonde, pour y recevoir les os du fecond rang; le troifiéme acheve cette
cavité qui reçoit principalement la tête du plus gros os du carpe appellé
le grand. Le fixiéme & le huitiéme
font placés à côté du grand, & le
huitiéme augmente la tête de cet os
pour remplir la cavité formée par les
os du premier rang. Le cinquiéme
eft articulé avec le premier, & le fi-

xiéme avec l'os du métacarpe qui soutient le pouce. Le quatriéme os ou le pisi-forme est le plus petit des huit, & n'a qu'une facette articulaire. Le huitiéme ou le crochu se distingue par son apophyse en forme de cro-chet, le septiéme est le plus gros de tous. Le premier est large & oblong, & se distingue par une cavité beaucoup plus sensible que dans tous les autres, d'où on l'a appellé scaphoi-de. Le second ou le sémi-lunaire se distingue assez par la figure sémi-lunaire de l'une de ses facettes articulaires. Après avoir séparé ces os des autres, il en reste encore trois. Le troisiéme ou le cuboide se peut connoître par sa facette articulaire, ovale, au moyen de laquelle il est articulé avec le quatriéme. Le sixiéme, ou le trapézoide, se distingue du cinquiéme par les quatre facettes articulaires, & parce qu'il est le plus petit. Ces os ainsi distingués les uns des autres, voici des caractéres pour connoître ceux qui appartiennent au côté droit ou au gauche. Le scapho:-de est comme divisé en deux parties par un sillon qui s'observe dans sa partie moyenne; placez donc cet os

devant vous dans ſa largeur, de maniere que vous puiſſiez découvrir ſa
double convexité & ſon ſillon ; ſi ce
ſillon deſcend obliquement de gauche à droite, cet os appartient au
côté gauche, & au contraire, &c.

La cavité de l'os ſémi-lunaire a
une de ſes cornes pointue, & l'autre
un peu plus large ; la pointue répond au dos de la main. Sur les
parties latérales de cet os, ſont deux
facettes articulaires, une de chaque
côté ; la ſémi-lunaire répond au pouce, & s'articule avec le premier os ;
l'autre qui eſt quadrangulaire, répond
au petit doigt, & s'articule avec le
troiſiéme. Ces caractéres feront facilement reconnoître l'os ſémi-lunaire
droit & le gauche.

Le cuboïde a trois facettes articulaires pour ſon articulation avec
le ſecond , le quatriéme & le huitiéme os du carpe ; ſa facette articulaire qui répond au huitiéme os eſt
la plus grande , & celle qui répond
à l'os ſémilunaire fait angle avec celle-ci. Situez donc cet os , de maniere que ſa facette articulaire ovba-
laire , ſoit tournée en dedans de la
la main, latéralement, au-deſſus du
petit

petit doigt, sa plus grande en bas, & que l'angle d'union de cette grande facette regarde le pouce avec la moyenne.

Dans l'os pisi-forme, on voit un tubercule rond, gros, qui répond au dedans de la main; & sa facette articulaire doit regarder le dos de la main. La partie latérale externe de cet os est également convexe. Dans sa partie latérale interne, on y voit un petit sillon assez large. On peut au moyen de ces caractéres le mettre en situation. Le trapéze a quatre facettes articulaires, trois qui par leur réunion forment deux angles, & l'autre la plus considérable de toutes s'articule avec le pouce. La moyenne des trois facettes articulaires & la plus grande, s'articule avec le trapézoïde, & regarde par conséquent le petit doigt. Dans la face de cet os qui répond au dedans de la main, on voit une petite élévation. Ce sont là des caractéres qui déterminent si l'os est droit ou gauche.

Le trapézoïde, outre ces quatre faces articulaires, en a deux autres qui ne le sont pas: la plus large se voit au dos de la main. Une de ces qua-

Q

tre facettes fémi-lunaire s'articule avec le grand os, & regarde le doigt du milieu. Sa facette articulaire inférieure, la plus confidérable de toutes, eft féparée en deux par une efpèce d'élévation, & s'articule avec l'os du méta-carpe du doigt index.

Le grand a une tubérofité dans fa face qui répond au dedans de la main. Sa face latérale qui répond au pouce eft arrondie fupérieurement, & forme une partie de la tête de cet os.

Le crochu a fon apophyfe onciforme tournée en dedans de la main, inférieurement, & de maniere que fa concavité regarde le pouce.

160. Le tarfe eft compofé de fept os. Le calcaneum eft le plus grand, enfuite l'aftragole; puis le fcaphoïde & le cuboïde. Le fcaphoïde fe diftingue du cuboïde par fa grande cavité. Des trois cuneï-formes, le plus grand eft inférieur, & répond au pouce; le plus petit, fitué entre les deux autres, répond au fecond doigt. Le calcaneum droit fe diftingue du calcaneum gauche, parce qu'il eft concave dans fa face latérale interne; que fa groffe éminence poftérieure forme le talon; & que toutes les faces arti-

...culaires de cet os doivent regarder antérieurement, de maniere que la plus grande regarde obliquement & supérieurement.

L'astragale a une espèce de tête articulaire qui regarde antérieurement; une face articulaire convexe, la plus considérable de toutes, qui est supérieure; deux facettes articulaires latérales, dont la plus considérable doit être située latéralement & extérieurement, & par ce moyen on reconnoîtra l'astragal droit & le gauche.

Le scaphoïde a deux faces articulaires, dont l'une concave regarde postérieurement ; deux bords, dont l'un épais, porte une grosse tubérosité, & doit être situé latéralement & intérieurement.

L'os cuboïde a trois faces articulaires : la plus considérable de toutes regarde postérieurement. De ces trois autres faces qui ne sont point articulaires, la plus petite, dans la partie moyenne de laquelle s'observe un enfoncement, est latérale externe ; quant aux deux autres faces, l'inférieure a dans sa partie moyenne une grosse tubérosité.

Le grand os cuneï-forme a trois

faces articulaires; la plus confidérable
de toutes eft antériéure ; la convexité de cet os eft tournée latéralement & intérieurement ; fon bord
arrondi , & le plus gros eft inférieur.

Le petit os & le moyen cuneï-forme, doivent pour être mis en fituation avoir leur tranchant fitué inférieurement; leur facette articulaire &
triangulaire , antérieurement; la facette articulaire la plus confidérable
doit être latérale & intérieure ; la face latérale la plus pétite du moyen ,
& fur laquelle fe voyent deux facettes
articulaires, doit auffi être latérale &
inférieure.

17º. Les os du méta-carpe & du
méta-tarfe font longs & ronds. Les têtes des os du méta-carpe font groffes
& arrondies dans l'endroit où elles
s'articulent avec les premieres phalanges. Les têtes des os du méta-tarfe
font plus applaties. On peut compter
cinq os du méta-carpe , en mettant
de ce nombre la premiere phalange du
pouce, tant dans la main que dans le
pied.

La premiere phalange du pouce de
la main différe des autres os du méta-

carpe, parce qu'elle est & plus courte
& plus grosse; par son articulation particuliére avec les cinq os du carpe.
Pour distinguer la droite de la gauche,
observez que le côté interne de cette
phalange, ou celui qui est opposé aux
autres doigts, est toujours plus court que
l'externe ; d'ailleurs celui des sinus de
son articulation qui regarde le doigt index est le plus étroit ; celui du côté
opposé est le plus étendu.

Les quatre autres os du méta-carpe se
succédent en diminuant de longueur,
desorte que celui du doigt index est le
plus long, & celui du petit doigt est
le plus court : des deux autres, celui
du milieu est le plus gros. Néanmoins
ces proportions ne sont pas toujours
exactes ; ainsi pour distinguer ceux du
côté droit de ceux du côté gauche,
faites attention aux caractéres suivans.

L'os du méta-carpe du doigt index
a par son extrémité articulée avec le
carpe, un sinus concave du dos de la
main à la paume, convexe du pouce
au petit doigt, lequel reçoit l'os trapezoide des deux facettes latérales de
cette extrémité : celle qui doit s'articuler avec l'os du méta-carpe du doigt
du milieu est convexe & la plus con-

fidérable : ces caractéres fuffifent pour
diftinguer fi cet os eft droit ou gauche.

L'os du méta-carpe du doigt du milieu a vers fa partie latérale articulée
avec l'os du méta-carpe du doigt index, & fur le dos de la main, une éminence pointue qui fait paroître cet os
aufli long que l'os du méta-carpe du
doigt index, & qui non-feulement le
diftingue de tous les autres , mais encore fert à faire diftinguer le droit &
le gauche.

L'os du méta-carpe qui foutient le
doigt annulaire , fe diftingue de tous
les autres par fes facettes latérales; l'u-
ne articulée avec l'os du méta-carpe du
doigt du milieu , laquelle eft féparée
en deux petites facettes ovales & convexes ; tandis que la facette latérale
articulée avec l'os du petit doigt , eft
concave & fémi-lunaire.

L'os du méta-carpe du petit doigt
fe diftingue facilement de tous les autres , parce qu'il n'a qu'une facette latérale articulaire convexe, par le moyen
de laquelle il s'articule avec l'os du
méta-carpe du doigt annulaire.

180. L'os du méta-tarfe du pouce eft
facile à diftinguer des autres par fa

groſſeur ; & on verra s'il eſt droit ou
gauche, en obſervant de placer ſa tête
antérieurement, de maniere que les
petits ſinus & les boſſes qui s'y rencontrent, regardent inférieurement.
Dans cette ſituation, la face latérale de
cet os qui regarde les autres doigts eſt
applatie, au lieu que la face qui regarde l'autre pied eſt angulaire. Ceci ſuf-
fit pour diſtinguer le droit du gauche.

Les quatre autres os du méta-tarſe
ſe diſtinguent, parce qu'en général
leur longueur diminue du pouce au
petit doigt ; mais voici ce qui les ca-
ractériſe plus particuliérement.

L'os du méta-tarſe du petit doigt n'a
dans ſon extrémité articulée avec le
tarſe qu'une facette articulaire ſur la
partie latérale articulée avec l'os du
méta-tarſe qui le précéde ; & ſur ſa face latérale externe, on obſerve une
groſſe tubéroſité. D'ailleurs la face ſupérieure de chaque os du méta-tarſe
étant convexe, elle ſe diſtingue facilement de l'inférieure qui eſt concave :
ainſi l'os du méta-tarſe du petit doigt
eſt facile à diſtinguer des autres, & on
peut voir en même tems s'il eſt droit
ou gauche.

Des trois autres, le plus long, c'eſt

l'os du méta-tarſe qui répond au doigt index ; & cet os dans la face latérale externe de ſon extrémité articulée avec les os du tarſe , a deux petites facettes articulaires ſéparées par une petite cavité inégale : ces caractéres ſuffiſent pour reconnoître s'il eſt droit ou gauche.

Des deux autres celui qui a ſur la face latérale interne de ſon extrémité articulée avec les os du tarſe les deux facettes à peu près ſemblables à celles dont nous venons de parler , eſt l'os du méta-tarſe du doigt du milieu ; & on diſtingue par ce moyen s'il eſt droit ou gauche.

On reconnoîtra ſi celui qui reſte eſt droit ou gauche , en obſervant que la facette articulaire latérale externe de ſon extrémité articulée avec les os du tarſe , eſt la plus conſidérable , & qu'elle a inférieurement un petit ſinus.

190. Des phalanges des doigts de la main , les premieres & les ſecondes ſe diſtinguent facilement de celles du pied , parce que celles de la main ſont plus convexes ſur le dos , plus applaties en-dedans de la main. Les troiſiémes ont non-ſeulement ces caractéres , mais encore elles ſont plus allongées.

Quant

quant aux phalanges du pouce du pied
& à celles de la main, les phalanges
du pouce de la main se reconnoissent
non-seulement par ces caractéres, mais
encore parce qu'elles sont beaucoup
moins grosses. Les premieres phalanges des doigts de la main se connois-
sent, non-seulement parce qu'elles
sont plus considérables, mais encore
parce que dans leurs extrémités articulées avec les os du méta-carpe, elles ont une cavité arrondie, propre à
recevoir la tête de ces os; au lieu que
dans leur extrémité opposée, articulée avec la seconde phalange, elles
ont deux petites têtes séparées par un
petit sinus, pour s'articuler par gin-
glyme avec la seconde. Le plus long
de tous ces os appartient au doigt du
milieu; le plus gros des deux les
moins longs appartient au pouce; des
deux autres qui restent, celui du doigt
index est ordinairement le plus court
& le plus gros. La différence qu'il y
a entre les premieres phalanges droites & gauches, consiste en ce que
des deux petites têtes qu'elles ont
dans leur extrémité inférieure, celle
qui regarde le doigt du milieu est toujours un peu plus grosse & un peu plus

R

haute ; celle du doigt du milieu &
cette petite tête qui regarde le doigt
annulaire plus haute ; la phalange du
pouce a cette tête opposée au doigt
plus longue que l'autre. Les secon-
des phalanges obfervent à peu près
le même ordre que les premieres ;
c'eft-à-dire, que celle qui eft la plus
longue appartient au doigt du milieu, & que la plus courte eft du petit doigt. Des deux autres, celle du
doigt index eft la plus groffe & la plus
courte. Pour diftinguer les droites d'a-
vec les gauches, on doit faire attention à leur extrémité articulée avec la
premiere phalange ; car le petit finus qui reçoit la tête la plus élevée de ces extrémités des premieres
phalanges, fera facile à diftinguer de
l'autre qui reçoit la moins élevée.

Il eft affez difficile de diftinguer les
troifiémes phalanges ; celle du pouce eft la plus grande : la plus petite
appartient au petit doigt ; celle du
doigt du milieu & des trois autres
eft la plus groffe, & quelquefois la
plus longue. Des deux autres qui reftent, l'une appartient au doigt annullaire, & l'autre au doigt index. Il
n'eft guéres poffible de diftinguer les

droites des gauches, si l'on en excepte
celle du pouce , dont une des petites
facettes articulaires opposée au doigt
est plus spacieuse que l'autre.

20°. Les premieres phalanges des
doigts du pied différent des autres
par leur longueur ; & plus elles sont
proches du pouce , & plus elles sont
longues. L'os du pouce se distingue
des quatre autres par sa grosseur singuliére & proportionnée à ce doigt.
Le quatriéme & le cinquiéme os sont
presque semblables par leur longueur;
ils différent néanmoins par la grosseur qui est particuliére au cinquiéme. La phalange du pouce a le côté
interne ou le côté opposé au doigt,
plus long que l'autre. Les extrémités
de ces phalanges articulées avec les
autres, ont, de même que celles de la
main , la petite tête du côté du pouce plus saillante , quoiqu'il soit assez
difficile de les reconnoître par leur
petitesse. Les deux autres rangées de
phalanges décroissent , à la vérité, à
mesure qu'elles s'éloignent du pouce;
néanmoins il est difficile de distinguer les droites des gauches , ce qui
dépend en partie de ce que ces os sont
petits , & de la différente figure qu'ils

prennent à cause des différentes chauf-
fures dont on fait usage ; car il arrive
souvent dans le troisiéme & le quatriéme doigt, que la derniére phalange est soudée avec la seconde.

La derniere phalange du pouce se
distingue, parce qu'elle a dans son
bord latéral interne, proche son extrémité articulaire, une grosse tubérosité.

210. Restent les os sésamoïdes, que
je ne crois pas qu'on puisse confondre
avec les autres. Ceux qui sont situés
sous la face inférieure de l'extrémité
antérieure de l'os du méta-tarse du
pouce, sont les seuls qui aient quelque ressemblance avec le quatriéme
os du carpe ; mais comme ces os
n'ont aucune tubérosité ni aucune sinuosité, il est facile de les distinguer
de cet os,

CHAPITRE CINQUIE'ME

*De la maniére de monter les Sque-
letes.*

POur unir ensemble les os ainsi préparés, il faut avoir du fil de fer
recuit, ou encore mieux de léton
étamé ou argenté, (si on veut) de
différentes grosseurs, proportionné
aux os que l'on veut unir ensemble,
à leur espèce d'articulation & au poids
que le fil a à soutenir ; une machine
telle qu'elle est représentée *Planche*
3*e.* que vous assujettirez sur une table, & sur laquelle vous pourrez
monter des forets de différente grandeur & de différente grosseur. Ou bien
servez-vous de la palette représentée
dans la même *Planche*, & l'assujettirez
devant vous ; alors vous ferez usage
de forets garnis d'une poulie, dont
vous placerez l'extrémité dans un des
trous de la plaque de fer qui est au
milieu de la palette ; ensuite passant
la corde de l'archer dans la poulie du
foret, vous ferez tourner le foret, à

l'extrémité duquel vous préfenterez
les os que vous voudrez percer ; ou
bien fimplement percez les os avec
différens forets qui puiffent fe monter fur un même manche en forme de
verille. Voyez tous ces inftrumens ,
Planche 3e.

Si vous voulez qu'il foit poffible
de démonter facilement quelques-
unes des piéces d'un Squelete artificiel, montez ces piéces avec les autres, au moyen d'un fil de léton plus
ou moins fort, figuré en vis par l'u-
ne de fes extrémités, & en anneau
par l'autre, fi bien qu'en le paffant
à travers quelques os, ce fil foit ar-
rêté par une de fes extrémités par
l'anneau, & par l'autre avec un écrou
qui fe monte fur fa vis. Donnez à cet
écrous la figure que vous jugerez la
plus convenable.

Voyez *Planche 3e.* l'inftrument dont
on fe fert pour former la vis à l'une
des extrémités du fil de léton, & dans
un morceau de cuivre celle de l'é-
crou qui doit fe monter fur cette extrémité.

Ayez des cifeaux courts, propres à
couper le fil de léton, & les morceaux

de cuivre qui servent à faire les écrous, des tenailles pointues pour former les anneaux, & d'autres larges pour entortiller les fils.

Il est bon d'observer, qu'avant de percer les os, vous devez les ranger tous, autant qu'il est possible, dans leur situation naturelle, ou au moins les imaginer ainsi rangés, afin de ne les percer qu'autant & où il convient. Faites en sorte que les fils paroissent le moins que faire se peut, le naturel étant toujours plus beau que l'artificiel.

Pour percer les os de la main, vous rangerez les *phalanges* de chaque doigt les unes au-dessus des autres ; les *os du métacarpe* les uns à côté des autres, & au-dessus de chaque doigt auxquels ils répondent ; les *os du carpe* de même ; c'est-à-dire, les quatre du second rang, le *crochu*, le *grand*, le *trapésoïde* & le *trapése*, les uns à côté des autres, & sur l'extrémité des os du méta-carpe à laquelle ils sont unis ; les quatre du premier rang, le *pisi-forme*, le *cuboïde*, le *sémi-lunaire* & le *scaphoïde*, les uns à côté des autres & sur les quatre du second rang,

R iiij

Percez deux petits conduits paralleles dans la longueur des trois phalanges de chaque doigt ; introduifez
dans ces conduits par l'extrémité inférieure de la troifiéme phalange, les
extrémités d'un fil de léton menu ;
entortillez enfuite ce fil double fur
l'extrémité fupérieure de la premiere
phalange de chaque doigt , & le
paffez par un autre conduit que vous
aurez pratiqué à travers chaque os du
méta-carpe , de maniere que ce conduit aboutiffe à l'extrémité de ces os
articulée avec les os du carpe.

Paffez chaque fil par un canal que
vous aurez fait dans chaque os du
carpe ; c'eft-à-dire , le fil du pouce
à travers un canal tracé dans le tra-
péfe , fi bien qu'il s'incline vers la
face de ces os articulée avec le tra-
péfoïde. Percez dans ce fens les quatre os du fecond rang , l'os cuboïde
& le pifi-forme du premier. Pouffez
le fil du pouce pour retenir ces fix
os les uns avec les autres ; puis arrêtez ce fil en le tortillant en forme
d'anneau fur l'os pifi-forme.

Faites paffer le fil du doigt index

par un canal formé à travers le trapézoïde & l'os scaphoïde, de maniere
que l'extrémité de ce canal aboutisse
à la facette de l'os scaphoïde articulée avec l'os sémi-lunaire. Percez
dans ce sens l'os sémi-lunaire & le
cuboïde; passez-y le fil du doigt index pour lier ces os ensemble, & l'arrêterez sur le cuboïde en le tortillant en forme d'anneau.

Introduisez le fil du doigt du milieu à travers le grand & le scaphoïde de bas en haut, & les fils des
deux autres doigts à travers le crochu,
de maniere que ces fils viennent aboutir à l'extrémité supérieure de cet os,
& que vous les puissiez passer ensemble à travers l'os sémi-lunaire de la
partie inférieure de cet os à la supérieure, pour les entortiller avec celui du doigt du milieu; formez ensuite un anneau, que vous engagerez dans l'extrémité inférieure du radius, pour tenir les os de la main
unis aux os de l'avant-bras.

Pour unir le cubitus avec le radius,
percez le radius dans la partie moyenne de son extrémité inférieure arti-

culée avec le carpe , de façon que
l'anneau du fil qui unit les os de la
main puisse y entrer ; faites ensuite
un conduit, qui de la partie moyenne de la face sémi-lunaire, qui reçoit
la tête du cubitus , aboutisse à l'extrémité opposée au-dessus de l'apophyse styloïde ; poussez un fil de léton figuré en vis par une extrémité ,
& en anneau par l'autre , pour retenir l'anneau du fil qui unit les os de
la main ; après l'avoir introduit dans
une fente que vous aurez faite dans
la face de l'extrémité du radius , articulée avec le carpe , arrêtez ce fil
au-dessus de l'apophyse styloïde avec
un écrou ; faites entrer l'anneau dans
une coche que vous aurez pratiquée
sur la partie de la tête du cubitus, re-
çuë dans la facette sémi-lunaire du
radius ; arrêtez cet anneau par un
fil que vous ficherez dans l'extrémité
de la tête du cubitus , de maniere
qu'il traverse cet anneau ; par ce
moyen le cubitus pourra tourner dans
la cavité sémi-lunaire du radius.

Unissez de même la tête du radius
avec le cubitus ; percez les apophy-

fes coronoïde & enconné par leur extrémité, pour paſſer un fil de l'une à l'autre, au-deſſus de la face du cubitus articulée avec l'humerus ; figurez-le en arc, & l'arrêtez par ſes deux extrémités, l'une ſur l'apophyſe coronoïde, & l'autre ſur l'enconné.

Pour unir l'humérus aux os de l'avant-bras, faites au milieu de la poulie de cet os reçue dans le cubitus, une fente qui la traverſe juſques dans les foſſettes (l'antérieure & la poſtérieure) qui ſont au-deſſus de cette poulie : percez l'extrémité de l'humérus d'un condyle à l'autre ; paſſez un fil figuré en vis par une extrémité pour retenir le fil figuré en arc du cubitus, que vous aurez introduit dans la fente, & arrêtez ce fil avec un écrou ; le cubitus alors pourra tourner ſur la poulie.

Faites à l'extrémité ſupérieure de l'humérus un conduit qui s'étende de la partie de la ſinuoſité du biceps ſituée entre les deux tubéroſités de cet os, à la partie moyenne de la tête de l'humérus, lorſque le bras eſt dans ſa ſituation naturelle ; paſſez-y un fil tortillé de façon qu'en laiſſant un anneau à l'extrémité , & le passant de la tête vers la coulisse , vous puissiez l'arrêter dans la coulisse.

Quant aux os de l'extrémité inférieure , rangez d'abord tous les os du pied chacun dans son rang : les os des doigts du pied doivent être unis comme ceux de la main , & ceux du méta-tarse , comme ceux du méta-carpe ; mais il y a outre cela les deux os sésamoïdes du pouce ; observez donc leur place à l'extrémité de l'os du méta-tarse qui répond à ce doigt & à la plante du pied , & les y arrêtez ; ensuite passez ce fil du pouce à travers un canal tracé dans le grand os cunei-forme , & le fil des quatre autres doigts du méta-tarse à travers les deux os cunei-formes , le moyen & le petit , & à travers le cuboïde ; de maniere que des deux fils passés à travers le cuboïde , l'interne passe dans cet os par un canal percé de la face de cet os articulée avec l'os du méta-tarse du quatriéme doigt du pied , vers la face de ce même os articulée avec le moyen cunei-forme. Faites dans ce sens un

conduit dans chacun des trois os cunei-formes, pour y passer le même fil,
& l'arrêter sur le grand os cunei-forme,
& les quatre os ensemble.

Faites ensorte que le fil externe qui
traverse le cuboïde , s'y colle de
maniere qu'il puisse passer de la face
de cet os articulée avec le calcaneum,
à la face supérieure externe de ce
même os articulée avec l'astragal , &
à travers l'astragal sur lequel vous
l'arrêterez.

Les fils des trois os cunei-formes
doivent être poussés à travers le scaphoïde , & celui du milieu être ar-
rêté dans la cavité du scaphoïde qui
répond au calcaneum. Passez les deux
autres à travers le calcaneum , de la
face de cet os articulée avec le scaphoïde à la face supérieure externe
de ce même os articulée avec l'astragal , & à travers l'astragal, si bien
que ces deux fils viennent se rencon-
trer dans la partie moyenne de la face articulaire supérieure de l'astragal avec celui dont nous venons de
parler.

Tortillez alors ensemble tous ces
fils , & formez-en un anneau.

Les os du pied ainsi arrêtés, faites dans la face du tibia articulée avec l'astragal, une fente qui puisse recevoir l'anneau formé sur l'astragal, & passez de la malléole interne à la malléole externe une cheville, qui en traversant le tibia passe par l'anneau ; fixez-la sur le péroné avec un écrou.

Arrêtez le premier supérieurement avec le tibia au moyen d'un fil fort menu. Faites ensuite dans la face du tibia articulée avec le fémur, une fente sur la tubérosité qui s'observe à la partie moyenne de cette face ; faites-en une autre dans la partie moyenne des deux condyles du fémur inférieurement ; ayez un fil fort de léton, tortillé en 8 de chiffre ; passez un des anneaux de ce fil dans la fente du tibia, & l'autre dans celle du fémur ; arrêtez-le par deux chevilles, dont l'une traversant le tibia du condyle interne vers le condyle externe, enfile l'anneau. Fixez cette cheville au moyen d'un écrou sur le condyle externe ; faites-en de même pour le fémur.

Tracez ensuite dans la tête du fémur un canal, qui de l'empreinte ligamenteuse de cette tête s'étende dans la cavité du grand trochanter; passez du grand trochanter un fil fort à l'une des extrémités duquel vous aurez fait un anneau, & vous tortillerez l'autre extrémité du fil sur la tête pour former un second anneau.

Pour arrêter le coccix sur l'os sacrum, percez d'un double conduit les trois petits os dont il est composé dans l'ordre suivant lequel ils sont articulés; passez à travers chacun de ces conduits les extrémités d'un fil qui se rendent à la face la plus large du coccix articulée avec l'os sacrum; faites deux conduits dans l'os sacrum, qui de cette face aboutissent dans le canal de cet os; passez les fils, & arrêtez-les sur l'os sacrum dans le canal duquel ils seront cachés.

Arrêtez les deux os innominés antérieurement par deux fils que vous ferez passer à travers deux conduits différens que vous aurez faits de l'un à l'autre os, & l'un au-dessus de l'autre ; tracez, de la face de cet os articulée avec l'os sacrum, à la face externe des os innominés, deux canaux qui se rencontrent vers la face externe ; passez, de la face externe vers l'interne, les extrémités d'un même fil dans chacun de ces canaux, & faites-les passer à travers l'os sacrum dans la face de cet os articulé avec les os innominés, de maniere que l'extrémité aboutisse dans les trous qui s'observent sur les parties latérales de cet os où vous les arrêterez.

Percez la cavité cotiloïde dans un endroit correspondant à l'anneau de la tête du fémur, afin qu'en passant un fil dans cet anneau, vous puissiez fixer la tête dans la cavité, en arrêtant le fil en dedans du bassin.

Pour arrêter les côtes, il faut ranger les vertébres les unes sur les autres dans leur ordre naturel ; percer leur corps d'un double conduit, si bien que chaque conduit se réponde dans toutes les vertébres ; & quoique les côtes soient presquetoutes articulées avec deux vertébres, les arrêter cependant sur une.

Prenez

Percez donc chaque côte dans la face articulée avec l'apophyse tranſverſe des vertébres, & cette apohyſe ; percez-la auſſi dans ſon extrémité qui touche les parties latérales de cette même vertébre, & la vertébre elle-même, de maniere que le conduit aille aboutir dans ſon canal. Arrêtez la côte ſur l'apophyſe tranſverſe de cette vertébre, & paſſez un fil à travers l'extrémité de cette côte & la ; vertébre que vous ferez paſſer à travers le canal de la vertébre, dans le conduit oppoſé ; tracez dans la partie latérale oppoſée de cette même vertébre, pour arrêter la côte oppoſée ; employez les mêmes moyens pour arrêter deux à deux les côtes ſur chaque vertébre, & dans l'ordre où elles le doivent être.

Ayez une verge de fer, qui puiſſe paſſer par le canal de chaque vertébre courbée, qui imite les différentes inflexions naturelles de l'épine, celle des lombes, celle du dos & celle du col, & qui ait un anneau à chaque extrémité.

Faites dans la face ſupérieure de

S

l'os facrum, deux conduits corref-
pondans à ceux que vous avez faits
dans la derniere vertébre des lombes,
& qui aboutiffent dans le canal de cet
os. Ayez deux longs fils de léton,
plus longs que l'épine : engagez une
de leur extrémité dans les conduits
de l'os facrum & les y arrêtez. Paffez
une des extrémités de la verge de
fer dans le canal de l'os facrum, &
arrêtez cette extrémité fur l'os facrum
au moyen d'une cheville. Ayez de
la peau de bufle, épaiffe & molle ;
coupez-en des morceaux que vous
mettrez doubles, triples, &c. (s'il eft néceffaire) pour imiter l'épaiffeur des
cartilages fitués entre les corps des
vertébres : enfilez ces morceaux dans
l'un des deux fils de l'os facrum, &
pouffez-les fur la face fupérieure de
cet os : faites enfuite paffer la verge
& les deux fils à travers la derniere
vertébre des lombes, & pouffez cette
vertébre vers l'os facrum ; preffez-la
fur la peau que vous figurerez autour
du corps de cette vertébre, afin qu'elle tienne lieu du cartilage qui féparoit
le corps de cette vertébre de l'os facrum ; faites-en de même, pour tou-

tes les autres vertébres, & lorsqu'elles seront toutes enfilées, arrêtez les fils sur les parties latérales de l'apophyse odontoïde de la deuxiéme vertébre du col. Passez la premiere sans l'attacher.

Vous percerez ensuite la premiere côte dans sa partie moyenne, à peu près, où vous passerez un long fil menu; vous l'entortillerez au-dessous de cette côte, de maniere à ne laisser entr'elle & la seconde que l'intervalle qui s'y observe naturellement; vous embrasserez la deuxiéme avec le fil, vous l'entortillerez au-dessous, & ainsi de suite; par ce moyen les côtes se trouveront séparées les unes des autres & dans leur situation naturelle.

Pour arrêter la machoire inférieure sur la tête, percez son condyle de la partie externe à l'interne; passez au travers un fil dont vous engagerez les deux extrémités dans deux conduits que vous aurez pratiqués dans les parties de la tête les plus voisines de chaque côté, & vous les y arrêterez. Percez aussi l'apophyse coronoïde; passez un fil & étendez-en.

les extrémités sur les parties latérales
& supérieures de l'arcade zigomatique ; par ce moyen les dents de la
machoire inférieure toucheront celles
de la supérieure, & la machoire pourra être abaissée & élevée. Si quelques-
unes des dents ne tenoient pas dans
leur alvéole, vous les y fixeriez avec
de la colle forte.

Prenez le sternum ; & comme je
suppose que vous l'aurez conservé
avec tous les cartilages dans leur situation ; il ne s'agit que de percer
les extrémités des côtes & celles des
cartilages pour les unir avec un fil
menu. Dans le cas où vous n'auriez
pas conservé les cartilages, il faudroit
les imiter avec du carton que vous
recouvririez ensuite avec de la vessie
de porc mouillée ; mais cela devient
extrêmement embarassant.

Vous pourrez, avant que d'unir les
cartilages avec les côtes, arrêter les
deux clavicules sur le sternum, omoplate, avec des fils menus, en perçant
ces os dans des endroits convenables.

Percez l'omoplate d'un conduit
qui de la partie moyenne de sa cavité
glenoïde aboutisse dans la fosse sous-

scapulaire ; passez un fil fort de léton que vous arrêterez dans cette fosse, & que ce fil forme un crochet dans la cavité glenoïde : c'est à ce crochet que vous suspendrez l'extrémité supérieure.

Le sternum, les cartilages, les clavicules, les omoplates ainsi arrêtés, fixez les omoplates sur les côtes en les y arrêtant à peu près dans leur situation naturelle.

Percez la tête à sa partie moyenne & supérieure ; faites passer à travers un gros fil de léton, dont une des extrémités sorte par le grand trou occipital ; entortillez cette extrémité dans l'anneau de l'extrémité supérieure de la verge de fer ; tirez alors la verge de fer en dedans de la tête par le grand trou occipital, au moyen du fil de léton, & arrêtez ce fil sur la tête. Tout le Squelete ainsi monté, on peut le suspendre dans un endroit où il soit à l'abri de la poussiere.

CHAPITRE SIXIE'ME.

De la Préparation des Squeletes de Fétus.

POur préparér le Squelete d'un fétus, on doit enlever toutes les autres parties avec bien de la précaution, sans séparer aucun des os ; passer ensuite entre la partie postérieure & supérieure de la premiere vertébre du col & l'occipital une verge de fer dans le crane, au moyen de laquelle en agitant & en remuant le cerveau, on le retire peu à peu.

On peut retirer de même la moëlle épiniere & les nerfs à travers les trous qui s'observent aux parties latérales de l'épine ; & en passant par la partie postérieure & inférieure de l'os sacrum une petite verge de bois fenduë par l'extrémité, on tire de même peu à peu & en tortillant la baguette, les nerfs & la moëlle

Ce qu'il y a de mieux pour blanchir les os des jeunes sujets, c'est de les laisser macérer pendant quelque tems dans l'eau froide, & de chan-

...er souvent l'eau. Il faut à chaque
fois qu'on la renouvelle, laisser les
os exposés au soleil afin qu'ils y sé-
chent un peu ; si ces os restent trop
long-tems dans l'eau, ils perdront
toutes leurs épiphyses ; si on les fait
sécher avant que le sang qui est con-
tenu dans leurs vaisseaux soit dissous,
il ne sera guere possible dans la suite
de les en priver, & ils ne deviendront
jamais blancs. On doit donc ôter ces
os fort souvent de l'eau, & on ne
doit pas enlever le périoste vers les
épihyses. Il faut aussi dégager les ligamens & les conserver, neanmoins on
ouvrira les membranes capsulaires, on
les enlevera en partie, n'en laissant
que ce qu'il faut pour retenir les os
dans leur situation naturelle On
ôtera aussi toutes les graisses & les
glandes synoviales de chaque articulation. Cette préparation est délicate
& demande bien de l'attention. Le
Squelete préparé, on passera dans l'épine une baguette courbée, à peu près
comme l'épine, par le conduit qui se
présente à la partie postérieure de l'os
sacrum. On étendra le Squelete sur
une planche propre à mettre la tête, &

les extrémités dans leur situation na
naturelle. On emplira la poitrine de
linge pour diſtendre les côtes & les
cartilages, & les faire ſécher dans leur
ſituation. Au reſte on doit obſerver
de manier toutes ces parties de tems
en tems, & d'ôter le linge lorſque
les cartilages ſont preſque ſecs, afin
de les étendre & de leur faire garder
à peu près leur figure naturelle.

On peut employer les mêmes
moyens pour préparer les Squeletes de petits animaux, tels que ceux
du rat, de la ſourie, de la taupe,
&c.

LIVRE QUATRIE'ME.

DE LA CE'PHALOTOMIE
ET DE LA NE'VROTOMIE,

*Ou de la Préparation du Cerveau &
des Nerfs.*

CHAPITRE PREMIER.

*De ce qu'on doit observer sur ces Par-
ties.*

LA préparation du cerveau & des
nerfs suppose nécessairement
qu'on soit instruit de leur histoire. On
doit donc savoir que toute la cavité
formée par les os du crâne, par les
vertébres & l'os sacrum, est tapissée
d'une membrane nommée la *dure-mere*;
que cette membrane est composée de
deux feuillets ou de deux lames très-
distinctes & unies ensemble par un
tissu cellulaire très-court; qu'elle tapisse le dedans du canal de l'épine;
qu'elle paroît envelopper tous les

T

nerfs qui fortent du crâne & de l'é-
pine ; qu'elle eft dans l'orbite fi intimément unie avec la membrane qui
tapiffe cette cavité, qu'on a regardé
cette membrane comme une portion
de la dure-mere ; qu'enfin par différentes fentes qui s'obfervent à la bafe du crâne, elle eft fi intimement
unie avec le périofte qui revêt les
os dans ces parties, qu'on diroit que
ce périofte eft formé par cette membrane. Au refte, la furface externe
de la lame externe eft très-étroitement
attachée aux parois internes du crâne, furtout vers les futures ; & comme, lorfqu'on l'en détache, on obferve qu'elle eft couverte d'une infinité de petits points rouges, cela donne lieu de préfumer que c'eft par autant de vaiffeaux qu'elle eft ainfi attachée ; cependant un peu d'attention
fait obferver entre cette lame & les
os, un tiffu cellulaire ferré & extrêmement court. Elle eft libre & dégagée dans le canal de l'épine, c'eft-à-
dire, qu'elle n'eft point collée à fes
parois ; on l'y trouve même environnée d'un tiffu cellulaire lâche &
rempli de graiffe, furtout dans les
fujets gras ; & ce n'eft que par ce tif-

qu'elle a des liaisons avec les parties qui l'environnent. La lame interne, intimément unie à la lame externe, paroît néanmoins plus étenduë
qu'elle dans certains endroits ; par
exemple, le long de la partie moyenne & supérieure de la cavité du crâne
où elle forme de la partie antérieure
à la postérieure *la faulx*, de la partie
latérale & postérieure droite à la partie latérale & postérieure gauche
la tente; enfin il paroît que les différens petits plis qui s'observent autour
de la fosse pituitaire, aux bords antérieurs des fosses moyennes de la
base du crâne, le long de la partie
moyenne des fosses postérieures inférieures, font autant de replis de
cette lame. C'est dans l'endroit où
cette lame interne se sépare, pour ainsi dire, de l'externe, qu'on voit différentes cavités auxquelles on a donné
le nom de *sinus*. Ces sinus font les
canaux de décharge du sang qui revient du cerveau. On a donné à ces
sinus différens noms.

Le *sinus longitudinal supérieur* est autour du bord supérieur convexe de la
faux ; il a une figure triangulaire; son

plan fupérieur eſt formé par la lame
externe de la dure-mere , & les deux
plans latéraux qui ſe rencontrent inférieurement par la lame interne ; il
eſt étroit dans ſon commencement
vers le trou borgne ; il s'élargit peu
à peu , & il paroît s'incliner au-deſſus de la tubéroſité interne de l'os occipital & du côté droit pour ſe vuider dans le ſinus latéral de ce côté.
On obſerve en dedans de ce ſinus *les*
glandes de Pacchioni & des eſpèces de
petites brides qui paroiſſent aſſujettir ſes
parois les unes aux autres.

Le *ſinus longitudinal* inférieur ne paroît être qu'une petite veine qui s'incline le long du bord inférieur de la
faulx , & ſe dégorge , en groſſiſſant
de plus en plus , dans le ſinus droit
ou le quatriéme ſinus.

Les *ſinus latéraux* ou *tranſverſes*, ſitués à la partie poſtérieure convexe
de la tente , ſont de même triangulaires ; & la paroi poſtérieure eſt de
même formée par la lame externe de
la dure-mere , les parois latérales internes qui ſe rencontrent en-dedans ,
par la lame interne ; & on y remarque de même *des brides.* Ces ſinus
ſe coudent vers la baſe du rocher , &

s'ouvrent par le *trou déchiré* postérieur dans la jugulaire interne. Quant à la partie de la tente qui borde l'angle postérieur supérieur du rocher elle setrouve de même creusée dans cet endroit, & forme les *petits finus pétreux fupérieurs* qui s'ouvrent dans le coude des finus latéraux ; tandis que cette même lame interne, un peu écartée de la lame externe dans l'endroit où la dure-mere tapiffe le trou déchiré poftérieur, forme au long de ce trou le *petit finus pétreux inférieur* qui s'ouvre avec les finus latéraux dans la jugulaire interne.

Le quatriéme finus ou le finus droit, qui fe remarque à la partie moyenne de la tente, où la faulx eft unie, ou pour mieux dire, continue à cette membrane, s'ouvre dans le finus latéral gauche. Les deux finus latéraux gauches communiquant enfemble , il arrive de-là qu'il y a une libre communication entre ces deux finus, le finus longitudinal fupérieur & le droit. Il y a quelques variétés par rapport aux communications de ces finus ; mais c'eft là ce qui s'obferve ordinairement.

T iij

Il se rencontre quelquefois au dos
du petit plis que la dure-mere forme
au-dessous de la tente un ou deux
sinus qui descendent & s'éloignent
l'un de l'autre vers le trou occipital
communiquent avec un autre forme
autour du grand trou occipital, & par
ce moyen avec ceux qui sont formés
par l'écartement des lames de la du-
remere sur la face supérieure de l'a-
pophyse basilaire de l'occipital ; ce
sont tous là des sinus occipitaux postérieurs, dont les derniers communiquent avec les sinus pétreux & les sinus caverneux.

On voit autour de la fosse pituitaire deux sinus, un de chaque côté,
qui quelquefois s'en éloignent un
peu, traversent la fosse moyenne de
la base du crane, reçoivent antérieurement le sang de la veine opthalmique,
&c. & souvent dans les sinus pétreux
supérieurs : ce sont *les sinus orbitaires.*

Le sinus transverse de la fosse pituitaire ,
est un petit conduit situé entre l'origine des deux carotides , qui s'ouvre
de part & d'autre dans les sinus caverneux.

Les sinus caverneux sont immédiatement situés sur les parties latérales
de la fosse pituitaire , ils communi-

quent antérieurement avec les sinus tranverses ou le sinus annulaire, & postérieurement avec les sinus pétreux supérieurs & avec les occipitaux antérieurs.

Le sinus annulaire ou le sinus circulaire de Ridley est un canal arrondi, placé entre le sinus tranverse & la glande pituitaire qu'il environne, & qui communique avec les sinus caverneux.

Nous avons observé qu'il se trouvoit dans les grands sinus des brides d'une utilité particuliere pour empêcher les parois de ces sinus de s'éloigner. On observe en dehors de ces sinus des espèces de filets tendineux différemment entrelassés, & qui soutiennent extérieurement les parois de ces sinus ; ils sont d'autant plus sensibles que les sinus sont plus considérables. La nature ne paroît-elle donc pas avoir prévû tous les accidens qui pouvoient leur arriver, en les construisant de façon à leur donner beaucoup de fermeté sans les priver de la souplesse qu'ils doivent avoir ?

Outre tous ces sinus, on en observe encore d'autres *circulaires*, tracés entre les deux lames de la portion de

la dure-mere qui tapisse le canal de
l'épine ; ces sinus sont en aussi grand
nombre qu'il y a de vertébres, &
ils communiquent tous ensemble, de
sorte qu'il y a de part & d'autre un
canal droit commun qui sert à la communication d'un sinus avec celui qui
le suit immédiatement. *Le sinus circulaire
supérieur* communique avec les sinus
occipitaux ; & c'est dans ces sinus
que se dépose le sang qui revient de
la moëlle épiniere.

Voilà donc la cavité interne du
crane comme divisé en trois portions
par la faulx & par la tente. Les deux
parties de cette cavité, l'une à droite &
l'autre à gauche, distinguées du reste
par la faulx & par la face supérieure de
la tente, ont été divisées en trois parties,
nommées fosses, une *antérieure*, une
moyenne, & une postérieure : la moyenne formée dans l'ŏs sphénoïde, se fait
facilement distinguer par son enfoncement, de l'antérieur & la postérieure.
L'espace de la cavité au-dessous de
la tente, divisé en deux par une espèce *de petite faulx*, a fait donner le
nom de fosses postérieures inférieures
du crane, à ces deux portions de toute la cavité.

On appelle *cerveau* le viscére renfermé dans cette cavité ; ce viscére paroît de deux couleurs différentes, c'est-à-dire, d'une couleur d'un gris de cendre & d'une autre blanchâtre. On a donné le nom de *substance cendrée* ou de *substance corticale* à la premiere, parce qu'elle environne l'autre comme une écorce ; & on appelle *substance médullaire* la partie blanche. La substance cendrée est regardée comme la partie du cerveau destinée à filtrer le suc nerveux ; la substance médullaire, comme un amas de petits canaux qui distribuent ce suc dans toutes les parties du corps. De ces deux substances différemment entrelassées l'une avec l'autre, il en résulte différentes cavités & différentes éminences.

On a donné plus particuliérement le nom de cerveau à la partie de ce viscére renfermée dans les six premieres fosses, & on a nommé *cervelet* la partie située dans les fosses postérieures inférieures du crâne.

Une grande partie de la substance médullaire du cerveau & du cervelet paroît se terminer par quatre

gros paquets de filets médullaires qui
s'unissent ensemble sur l'apophyse basilaire de l'occipital, & prennent le
nom de *moëlle allongée.*

Une partie de cette moëlle passe
par le grand trou occipital, s'étend
dans le canal de l'épine tapissé comme nous l'avons dit par la dure-mere,
se prolonge jusqu'à la premiere vertébre des lombes ; & on la nomme
dans ce trajet *moëlle épiniere.*

Le cerveau vû dans sa face supérieure, a presque la figure de la moitié d'un œuf qui seroit divisé en deux
dans sa longueur par la faux, & dont
la grosse extrémité seroit située dans
les fosses postérieures supérieures, &
la petite dans les fosses antérieures.
Le cerveau considéré dans toutes ses
faces, en dessus, en bas, en devant,
en dedans & en arriére, paroît composé de plusieurs petits bourlets qui
s'entrelassent différemment les uns
les autres. On a nommé ces bourlets
circonvolutions, & on a donné le nom
d'*anfractuosités* aux intervalles plus ou
moins profonds qui distinguent ces
bourlets les uns des autres. La substance corticale épaisse d'une *ligne*
environ, forme l'extérieur de ces
bourlets.

On a distingué chaque hémisphére en trois lobes, par rapport à son éminence qui s'observe dans la partie moyenne de sa face inférieure. C'est entre cette éminence ou ce lobe & la partie postérieure du lobe antérieur, que se trouve latéralement & extérieurement une grande anfractuosité nommée *la grande fissure de Sylvius.*

Les deux hémisphéres du cerveau, quoique divisés par la faulx, ne le font cependant qu'antérieurement & postérieurement ; car dans leurs parties moyennes, ils tiennent l'un à l'autre au moyen d'une partie blanche, qu'on voit en les écartant l'un de l'autre, & à laquelle on a donné le nom *de corps calleux.*

Le corps calleux qui s'étend à peu près dans l'espace qu'il y a de la partie antérieure & moyenne de la tente à la partie postérieure de l'apophyse cristagalli, est épais de deux ou trois lignes environ ; cependant plus dans certains endroits & moins dans d'autres. Ce corps continu à la substance médullaire de chaque hémisphére, est arrondi par ses deux extrémités, l'antérieure & la postérieure ; & on voit le long de

la partie moyenne de sa face externe
& supérieure un ou deux filets sail-
lans auxquels on a donné le nom
de raphé, & outre cela d'autres petits filets transversaux fort près les uns
des autres, qui paroissent venir de
part & d'autre de chaque hémisphére, & se croiser sous le raphé.

Si on coupe chaque hémisphére
du cerveau dans toute son étendue &
à niveau du corps calleux, on observe au milieu la substance médullaire
dont les bords marqués par des circonvolutions de la même substance, sont
environnés de substance cendrée ;
on a donné le nom de centre ovale
à ce milieu.

Si on perce ce centre de part &
d'autre, à deux lignes environ de la
face supérieure du corps calleux, &
le long de ce corps, on trouve au-
dessous des cavités nommées *ventricules latéraux*, ou *supérieurs*, ou *antérieurs.* Ces ventricules occupent non-
seulement toute l'étendue du corps
calleux, mais même se rendent en
devant, & se coudent de derriere en
dehors, un peu obliquement, de haut
en bas, dans le corps même du second lobe du cerveau, presque jus-

qu'à la fente sphénoïdale, près des apophyses clinoïdes postérieures ; c'est là ce qu'on nomme les *sinus antérieurs* des ventricules latéraux. Ces sinus sont ouverts vers la base du crâne par une *fente* qui s'observe entre le bord interne du lobe moyen du cerveau, & les parties latérales de la moëlle allongée. Les ventricules latéraux s'étendent aussi postérieurement de dedans en dehors & de dehors en arriere, puis en dedans, dans le lobe postérieur du cerveau. Ce sont là les sinus postérieurs de ces ventricules, qui quelquefois ont très-peu d'étendue, & dont le droit est d'autres fois plus étendu que le gauche.

On observe dans ces cavités différentes élévations, dans leur partie antérieure & supérieure deux éminences, (les corps cannelés) de la même couleur que la substance corticale, arrondies en devant, & qui se terminent par une longue queuë qui borde la partie latérale externe de deux autres éminences postérieures blanches, nommées couches des nerfs optiques.

Si on coupe les corps cannelés,

on les voit entremêlés de substance blanche & grise ; les couches des nerfs optiques, au contraire, paroissent en dedans composées de substance cendrée.

On trouve entre les corps cannelés & les couches des nerfs optiques une espèce de *bride*, faite d'une substance compacte, transparente comme de la corne, qui s'étend de la racine de la re, commissure antérieure du cerveau, circulairement, vers la partie postérieu- des corps cannelés & des couches des nerfs optiques où elle se termine par une production blanche le long du bord supérieur du sinus antérieur des ventricules latéraux.

On découvre dans les sinus anté- rieurs inférieurs des ventricules anté- rieurs deux éminences, (les cornes de bellier,) une de chaque côté, sembla- bles à un vers à soie en nymphes contournées intérieurement en spirale. On voit, sur-tout sur leur extrémité an- térieure la plus considérable, & sur leur longueur différentes petites *bosses*, 3, 4, 5, 6, 7, 8, plus ou moins. L'extrémité postérieure de ces éminences se termine en pointe vers les parties latérales du bord postérieur du corps calleux. Leur

bord interne concave est de chaque
côté bordé d'une petite bandelette
blanche d'abord étroite, & qui s'élargit
ensuite. Ces bandelettes adhérentes à
ces cornes, s'étendent en arriere
jusqu'à la partie postérieure du corps
calleux auquel elles sont aussi unies, se
courbent de derriere en devant au-
dessous de ce corps. En s'approchant
l'une de l'autre pour s'unir à un pouce environ de distance du bord antérieur du corps calleux où elles arri-
vent en s'épaisissant & s'étrécissant,
elles forment deux cordons qui se réfléchissent de haut en bas, vis-à-vis,
la partie antérieure des couches des
nerfs optiques, en ne laissant qu'une
espèce de petite fente qui les fait
encore distinguer l'une de l'autre, &
se terminent, en se courbant, par les
éminences orbiculaires à la partie
moyenne & mitoyenne de la base
du cerveau.

Ce sont ces bandelettes ainsi dispo-
sées sous le corps calleux qu'on nomme
voute à trois piliers; *piliers antérieurs*,
leur union en devant; *piliers postérieurs*,
leur partie qui borde les cornes.
Ces bandes forment aussi sous le corps
calleux, avec le bord postérieur de
ce corps, une espèce de triangle qu'on

appelle la *lyre*, parceque fon aire eſt entrecoupée de quelques filets médullaires, longitudinaux & tranſverſaux, vers le bord poſtérieur du corps calleux.

C'eſt à la partie antérieure du pillier antérieur, entre les corps cannelés, que ſe trouve une *cloiſon*, le *(ſeptum lucidum)* formée de ſubſtance cendrée, compoſée de deux lames, qui quelquefois ſont unies & d'autres fois ſéparées par un peu d'eau qui s'y trouve épanchée, adhérente en devant au bord antérieur du corps calleux, ſupérieurement à ce corps, inférieurement autour de la partie inférieure interne des corps cannelés. Cette cloiſon s'ouvre quelquefois par la petite fente qui ſépare les deux cordons du pilier antérieur, dans les ventricules latéraux.

Un cordon blanc (la *commiſſure* des lobes antérieurs du cerveau) eſt auſſi ſitué immédiatement devant le *pillier antérieur* un peu au-deſſus des éminences orbiculaires, & paroît s'étendre de part & d'autre dans les corps cannelés.

Les cornes de bellier conſidérées le long des leur bord interne concave, préſentent entre la bande qui les borde

borde & la partie interne inférieure du lobe moyen du cerveau sur lequel elles sont, pour ainsi dire, collées, une suite de *petits grains*. Ces cornes sont couvertes d'une substance blanche, continue à celle des parois des sinus qui les renferment, composée de filets obliques, de derriere en devant, de dedans en déhors, & qui, lorsqu'on veut détacher des sinus ces cornes, en les élevant par leur bord externe, paroissent former des petites *brides* à la partie inférieure de chaque *bosse* ; ces brides d'ailleurs ne sont jamais naturelles.

Si on coupe en deux les cornes de beilier, le long de leur bord externe convexe, & des grains de leur bord interne, on découvre que ces grains ne sont que la continuation de la *substance corticale* qui forme le dedans des cornes. Cette substance est quelquefois en partie consommée, desorte qu'il se forme une cavité au milieu des cornes.

On observe dans la partie postérieure, ou dans le sinus postérieur des ventricules, & sur les parties latérales, internes, une éminence pyramidale, dont la grosse extrémité paroît vers

V

la partie poſtérieure du corps calleux , faire angle avec l'extrémité
poſtérieure des cornes , continue à
ces cornes & à la partie de la bandelette qui les borde dans cet endroit,
& à la partie latérale du bord poſtérieur du corps calleux, ſe couder de
déhors en dedans , & ſe terminer par
une , quelquefois deux & quelquefois trois pointes. D'autres fois on
n'obſerve aucune éminence dans ces
ſinus ; & ces éminences ne ſont d'ailleurs que des parties ſaillantes des
parois de ces ſinus.

Au-deſſous de la voute , à la partie antérieure des couches des nerfs
optiques , entre ces couches & le pillier antérieur , on voit un tiſſu d'artéres , de veines & de quelqu'autre
ſubſtance, qui s'étend ſur ces couches,
en ſe coudant ſur leur partie poſtérieure , & ſe portant ſur les cornes
de bellier qu'il couvre preſque en entier : c'eſt là ce qu'on nomme le
Plexus choroïde.

Au milieu de ce plexus , ſe voyent
deux ou trois veines plus remarquables que les autres , qui ſe terminent
en une (la *Veine de Galien*) qui s'ou-

...vre dans le quatriéme sinus de la dure-mere.

On ne trouve point le plexus choroïde adhérent au pillier antérieur de
la voute , comme au reste de cette
voute ; de sorte qu'il reste entre ce
plexus & ce pillier , un *intervalle* qui
laisse la communication d'un ventricule latéral à l'autre opposé.

Le plexus choroïde étant levé de
devant en arriere & lentement , on
découvre à la partie antérieure des
couches des nerfs optiques , un petit
trou nommé *vulva* , continu à la fente qui sépare ces couches, & à la partie postérieure de laquelle ou voit un
autre petit trou nommé *anus* : c'est là
où le plexus choroïde est intimement
uni avec un petit corps (la *Glande
pinéale*) de la grosseur d'un pois rond,
un peu applatie, grisâtre, attaché vers
l'anus aux couches des nerfs optiques
par deux petits *filets blancs* , & placé
sur plusieurs autres petits *filets blancs
transversaux* d'une partie latérale à l'autre , comme sur un petit pont de la
largeur de trois à quatre lignes sur
deux ou trois de longueur , appellés
commissure postérieure. En écartant légérement les couches des nerfs optiques

l'une de l'autre , on les trouve quelquefois unies , surtout à la suite des inflammations du cerveau. En détruisant cette bride , on voit une cavité à laquelle on a donné le nom de *troisiéme ventricule* ; cette cavité paroît vers la partie antérieure inférieure de ces couches avoir la forme d'un cône qui se termine en bas par sa pointe. On nomme cette partie l'*Entonnoir,* & c'est à la partie antérieure de l'entonnoir où se voit le pillier antérieur de la voûte , & entre les deux cordons qui le forment la commissure antérieure du cerveau.

Le troisiéme ventricule paroît par sa partie postérieure percé au-dessous du pont qui soutient la glande pinéale, d'un très *petit canal* qui aboutit de ce ventricule postérieurement dans le quatriéme.

Au-dessous des lobes postérieurs du cerveau jusqu'à la partie postérieure du corps calleux , se voyent *la tente* , *le sinus droit,* les *sinus latéraux,* les *sinus pétreux supérieurs* , *l'embouchure du sinus longitudinal inférieur* dans le droit, *l'embouchure du sinus longitudinal supérieur* dans les sinus latéraux , enfin l'embouchure de tous ces sinus les

mains avec les autres. Au‑dessous de
la tente se trouve le *cervelet*, qui a,
de même que la tente, une figure
conique. La pointe du cône du cer‑
velet se termine en devant sous la
partie moyenne de l'exrrémité posté‑
rieure du corps calleux.

Le cervelet de même que le cer‑
veau, est composé de deux substan‑
ces, une grise & une blanche. La
substance grise couvre, de même
que dans le cerveau, la substance
blanche ; mais les petits bourlets
qu'elle couvre sont bien plus étroits,
ne s'entrelassent point en zigue‑zague
comme ceux du cerveau ; ils sont au
contraire disposés de part & d'autre
en forme d'arcs de cercles concentri‑
ques, qui deviennent d'autant plus
grands qu'ils sont plus postérieurs.

La partie droite du cervelet est dis‑
tinguée de la partie gauche par une
espèce de petite élévation longue,
(*l'éminence vermiculaire*) qui s'étend
de devant & de la pointe du cône en
arriére.

Le cervelet paroît à la partie pos‑
térieure de cette éminence, com‑
me distingué en deux lobes par une
fente dans laquelle est reçue la *petite*

faulx de la dure-mere , laquelle ſe
trouve ſous la partie moyenne & poſtérieure de la tente.

Le cervelet vû dans toute ſa ſurface , en devant, en arriére , & ſur
les parties latérales , paroît arrondi,
plus gros en arriére, & ſe terminer
en forme de cône.

On remarque immédiatement au-
deſſous de la glande pinéale quatre
tubercules , deux ſupérieures (les
nǎtès) & deux inférieures (les *tètès*)
ſitués ſur deux *colomnes blanches* qui s'é-
tendent de part & d'autre dans le
cervelet, & qui ſont unies ſupérieur-
rement & au-deſſous des natès & des
tètès par une petite bande de couleur griſe, à laquelle on a donné le
nom de *Valvule de Vieuſſens* ou *de
grande Valvule du cervelet.*

On voit auſſi ſur les parties latérales des natès & des tètès des eſpèces
de *petits filets* blancs qui viennent de
deux colomnes blanches, qui antérieurement ſont continues à la ſubſtance blanche du cerveau ; & les
tètès paroiſſent griſes dans l'endroit
où ces éminences ſont tournées l'u-
ne vers l'autre, & ſéparées par une
petite ligne blanche continue à une *pe-*

…ne *bande blanche* située au-dessous de
ces corps. C'est à la partie postérieure
& inférieure de cette bande que s'observe le commencement de la grande
valvule, & que se voit l'origine de
la quatriéme paire de nerfs. Ces nerfs
sont deux petits filets blancs, qui
lorsqu'ils sont parvenus au-dessous
des tètes, se détournent en dehors,
embrassent lescolomnes antérieures,
& percent, pour ainsi dire, les replis
de la tente attachée au rocher vis-à-vis
la partie moyenne de cette éminence; ils entrent dans le sinus caverneux,
s'unissent intimement à la premiere branche de la cinquiéme paire,
passent par la fente sphénoïdale dans
l'œil, & se distribuent au muscle
grand oblique de l'œil.

Le cervelet considéré dans sa partie inférieure, paroît arrondi. On y voit
la *fente postérieure* qui le distingue en
deux lobes dans toute son étendue,
& au-dessous un cordon blanc qui
se termine dans le canal de l'épine.
C'est dans cet endroit où on observe
une membrane transparente dont nous
parlerons dans la suite, laquelle étant
détruite, laisse voir trois tubercules,
formés par l'extrémité postérieure
de l'éminence verniculaire & de cha-

que lobe du cervelet. On voit au-deffous du moyen, une efpèce de petit
bec *de plume* ; c'eft la fin du quatriéme ventricule.

Si on enleve les natès & les tètès, la
valvule du vieuffens, l'éminence vermiculaire, une partie des colomnes
médullaires du cervelet & le cervelet
tranfverfalement de droit à gauche, on
découvre par ce moyen le quatriéme
ventricule. A la partie poftérieure
de ce ventricule fe voyent alors, en
éloignant les parties divifées, une
partie du canal fitué au-deffus des
natès & des tètès, la face inférieure de la grande valvule du cervelet
& un petit efpace triangulaire ; à la
partie inférieure de cette efpace, les
trois tubercules dont nous venons de
parler, qui en dedans font unis par
deux valvules, une de chaque côté, de
figure fémilunaire, qui uniffent les tubercules latéraux au moyen, & font
en dedans du quatriéme ventricule
à peu près le même effet que les valvules des deux grandes artéres ;
le plexus choroïde du quatriéme ventricule, fitué entre ces éminences.

Le cervelet étant coupé longitudi-
nalement le long de l'éminence vermiculaire,

miculaire , le mélange de la subf-
tance blanche avec la corticale qui
l'environne a quelque reffemblan-
ce avec une feuille d'arbre ; c'eft
là pourquoi on nomme cet endroit
l'arbre de vie. La partie qui refte fur la
bafe du crâne, préfente différens objets ; la coupe des nàtès féparée par
la moitié du canal qui eft au-deffous;
la coupe des colonnes qui s'éloignent
l'une de l'autre à mefure qu'elles font
plus proches du cervelet ; inférieurement deux autres bandes qui
font éloignées l'une de l'autre vers
le cervelet , & qui plus elles s'en
éloignent inférieurement, plus elles
s'approchent , & s'uniffent enfin
pour former *le bec de plume.* Cet efpace
quadrilatére & le triangulaire de la
coupe oppofée, forment enfemble
le quatriéme ventricule.

Vers les angles du quadrilatére qui fe terminent dans le cervelet,
on obferve deux *trous* de chaque
côté , une fente qui fe termine
en bas dans le bec de plume , &
en haut entre la coupe des nàtès &
des tètès , de chaque petit trou, &
d'autres fois de la fente, il part un
ou deux filets blancs, dont les uns

X

paroiſſent paſſer à travers de la partie moyenne & inférieure du quatriéme ventricule, & les autres ſe contourner par deſſus la partie ſupérieure des bandes inférieures, & former une partie de la ſeptiéme paire de nèrfs.

Lorſqu'on leve le cerveau de la partie antérieure à la poſtérieure, on voit les *deux procès mammillaires* ſur les parties latéralcs de l'apophyſe chriſtagalli. Ils ſont d'une couleur griſâtre, & ſe prolongent par un cordon blanc, juſqu'à la partie inférieure des corps cannelés, où la baſe du cerveau paroît criblée d'une infinité de *petits trous.* C'eſt la *premiere paire de nerfs,* ou les *nerfs olfaſlifs* formés par la ſubſtance médullaire de ces corps.

La ſeconde paire de nerfs ou *les nerfs optiques,* ſe préſentent enſuite ; ces nerfs ſont étroitement unis ſur la foſſe pituitaire, & paroiſſent former un angle en s'éloignant en devant de cette communication pour paſſer par les trous optiques : ils s'éloignent de même en arriere, & vont ſe rendre à la partie poſtérieure des couches des nerfs optiques deſquelles ils prennent naiſſance. On voit à la partie postérieure & latérale des nerfs optiques, où ils entrent dans la fosse orbitaire, deux troncs d'arteres nommés carotides internes. Après avoir coupé les nerfs optiques & ces artéres, il se présente à la partie postérieure de leur communication, une petite tige cylindrique, d'une demi-ligne environ de diamétre, qui en haut paroît continue avec l'entonnoir, & se termine en bas au milieu de la fosse pituitaire, sur un petit corps situé dans cette fosse, auquel on a donné le nom de glande pituitaire. C'est la *tige pituitaire.*

On observe aux parties latérales de la fosse pituitaire deux nerfs, un de chaque côté, qui s'étendent postérieurement jusqu'à la partie postérieure des colonnes antérieures de la moëlle allongée, d'où ils paroissent sortir. C'est la *troisiéme paire de nerfs* ou les *moteurs.* Ces nerfs passent par un trou particulier de la dure-mere dans le sinus caverneux, & entrent par la fente orbitaire supérieure dans l'œil, pour se distribuer à quelques-uns des muscles de l'œil.

Ces nerfs étant coupés & le cerveau tiré un peu plus en arriere, on découvre une éminence ronde, formée par le concours des colonnes médullaires du cerveau qui se portent de devant en arriere, & des colonnes médullaires du cervelet qui embraffent tranfverfalement les colonnes du cerveau ; ces colonnes paroiffent très diftincte-ment dans cet endroit formées par la réunion d'un nombre infini de petits filets médullaires. On nomme cette éminence *protubérance annulaire, ou pro-tubérance tranfverfale , ou pont de va-role.*

Les colonnes médullaires du cer-veau, avant que d'être croifées par celles du cervelet, font diftinguées l'une de l'autre par une efpèce de petite foffe triangulaire. On voit à leur partie antérieure & fur leur bord in-terne , les deux éminences orbiculai-res ; & entre ces éminences la partie poftérieure de la commiffure des nerfs optiques , une portion de la fubftan-ce particuliere qui forme l'entonnoir ; & à la partie antérieure de cette même commiffure, *l'autre portion* ; entre cet-te derniere portion & la partie infé-rieure du bord antérieur du corps calleux , une petite *foffe triangulaire* fous le feptum lucidum, où les deux lames qui le composent paroissent unies.

Plusieurs petits filets blancs se détachent de chaque côté des parties latérales de la protubérance annulaire, s'unissent ensemble, forment un cordon plat qui passe par un trou particulier de la dure-mere, presque vers la pointe du rocher, & au-dessous de la tente. C'est *la cinquiéme paire de nerfs.* Ces nerfs s'avancent, se baignent dans le sang des sinus caverneux, & se séparent en trois branches ; l'antérieure, la plus petite, va se distribuer dans l'œil par la fente orbitaire supérieure; la moyenne passe par le trou petit rond, & se distribue à la machoire supérieure ; la troisiéme va par le trou ovale se distribuer à la machoire inférieure.

La sixiéme paire se présente au milieu de la protubérance annulaire. Elle se termine postérieurement à des éminences situées à la partie postérieure de la protubérance annulaire, & en devant dans la partie moyenne & supérieure de la fosse basilaire, où elleperce la dure-mere. Elle passe de-là vers la pointe du rocher, par-dessous un ligament particulier, pour entrer dans le sinus caverneux. A l'entrée de ce sinus

elle eſt ſéparée de la cinquiéme paire par une petite cloiſon ſituée dans
cet endroit à la partie latérale externe de la carotide. Il paroît s'élever
un & quelquefois deux petits filets
blancs, qui s'uniſſent à ce nerf, &
forment avec lui un angle aigu dont
le ſommet eſt tourné antérieurement :
c'eſt là *l'origine du nerf intercoſtal*. La
ſixiéme paire continue ſon chemin ,
& ſe jette dans l'orbite par la fente orbitaire ſupérieure.

La cinquiéme & la ſixiéme paire
étant coupées, on voit la *ſeptiéme paire* , compoſée de deux cordons qui
entrent dans l'oreille par le trou auditif interne. Cette paire vient du quatriéme ventricule & des parties latérales & poſtérieures de la protubérance
annulaire.

Au-deſſous de la ſeptiéme paire ſe
trouve *la huitiéme* , elle eſt compoſée
de pluſieurs filets qui partent des ſix
éminences qui s'obſervent à la partie
poſtérieure de la protubérance annullaire, & qui ſe continuent dans l'é-
pine. Quatre de ces éminences ſont
nommées pyramidales & deux autres
olivaires.

Les deux éminences pyramidales

ou corps piramidaux antérieurs, sont situés immédiatement au-dessous de la partie moyenne & postérieure de la protubérance annulaire, & sont séparés l'un de l'autre dans leur longueur par une *fente* dont les deux extrémités plus profondes se terminent, l'une antérieurement derriere la protubérance annulaire, & l'autre à la partie inférieure de ces éminences. On voit sur les bords de cette fente plusieurs *filets médullaires* se contourner en *spirale*.

Les deux éminences pyramidales latérales, ou les corps pyramidaux latéraux, sont distingués des antérieurs par les éminences olivaires ou les corps olivaires, situés entr'eux & les antérieurs.

C'est de la partie antérieure des éminences pyramidales antérieures que la sixiéme paire prend naissance. La huitiéme sort entre les éminences olivaires & les pyramidales latérales, passe à la partie inférieure du rocher par le trou déchiré postérieur, & se divise souvent avant ce passage en deux portions. Un nerf qui remonte de l'épine, & qu'on nomme *l'accessoire de Willis* ou *le compagnon de*

la huitiéme paire, paſſe avec elle par
ce trou, & quelquefois féparément
par le même trou, au-deſſous de la
huitiéme paire.

Suit la neuviéme paire qui prend
naiſſance de la partie poſtérieure des
éminences pyramidales & des corps
olivaires.

Enfin on voit au-deſſous & de
chaque côté l'artére vertébrale, &
après l'avoir coupée, *la dixiéme paire*
de nerfs, laquelle fort du crâne avec
cette artére, & vient de la partie
ſupérieure de la moëlle épiniere.

Le canal des vertébres tapiſſé,
comme nous l'avons dit ci-devant,
par la dure - mere, reçoit donc
la moëlle épiniere ou un cordon
blanc, continu à la moëlle allongée,
& qui ſe prolonge dans l'épine, en
décroiſſant juſqu'à la partie moyenne du dos ; puis en augmentant, il
va ſe terminer en forme de cône arrondi à la partie ſupérieure de la
premiere vertébre des lombes. Ce
cordon n'eſt pas parfaitement rond ;
il eſt applati antérieurement & poſtérieurement, & on obſerve le long
de la partie moyenne de ſa face
tant antérieure que poſtérieure,

une fente continue antérieurement à la fente qui diſtingue les corps py- ramidaux antérieurs l'un de l'autre, & poſtérieurement au bec de plu- me. Ainſi la moëlle épiniere peut ſe diviſer, au moyen de ces deux fentes, dans toute ſa longueur, en deux portions, une droite & l'autre gauche, & chacune de ces portions en deux autres, au moyen de l'eſ- pèce de ſubſtance corticale qui les ſépare.

On obſerve le long de la partie moyenne & antérieure de la moëlle épiniere, & le long de ſa partie moyenne & poſtérieure, qu'il ſe dé- tache pluſieurs *filets*. Ces filets ſe por- tent de part & d'autre ſur les parties latérales de cette moëlle, à la ſortie de laquelle chacun d'eux eſt envelop- pé par la pie-mere ; ils concourent de-là en forme de rayons, les anté- rieurs pour former le cordon anté- rieur des nerfs vertébraux, les poſ- térieurs pour former le cordon poſ- térieur de ces mêmes nerfs. Ces deux cordons ſe rencontrent vis-à-vis les trous vertébraux, où ils s'engagent enſemble dans la dure-mere ; réu- nis, ils paſſent par ces trous dans leſquels les filets qui composent le cordon postérieur paroissent gonflés, & former une tumeur qu'on nomme *ganglion.*

Tout le système du cerveau, dont la disposition singuliére empêche qu'on n'en puisse donner une description bien exacte, ou qui la rend du moins très-difficile, est immédiatement environné partout d'une membrane mince, qui le pénétre dans toutes ses circonvolutions, dans toutes ses cavités, & qui en tapisse tous les parois. On la nomme *pie-mere.* Cette membrane considérée sur la surface du cerveau, paroît passer par-dessus toutes les circonvolutions, sans s'insinuer dans les sinuosités ; mais comme on s'assure qu'elle s'y insinue effectivement, lorsqu'on l'a percée au-dessus de ces sinuosités, on a dit qu'elle étoit composée de deux membranes, dont l'externe qui passe par-dessus toutes les circonvolutions, se nomme *arachnoïde ,* & dont l'interne non-seulement tapisse toutes ces circonvolutions, mais encore toutes les sinuosités, & s'appelle *pie-mere.* La lame externe est intimement unie à l'interne. On ne peut distinguer

l'arachnoïde qu'à la partie postérieure & inférieure, & à la partie antérieure du cervelet, & le long de la
moëlle épiniere (parties auxquelles
elle n'est unie que par un tissu cellulaire lâche & peu sensible). Elle est
si mince & si transparente, qu'on
n'y remarque aucun vaisseau. Elle a
moins d'étendue que la pie-mere,
& elle se prolonge jusqu'à l'extrémité de l'os sacrum. Elle renferme les nerfs, qui depuis la partie inférieure de la moëlle épiniere
jusqu'à celle de l'os sacrum, remplissent le reste du canal de l'épine.
Tous les cordons des nerfs sont néanmoins unis les uns avec les autres par
un tissu cellulaire lâche & mince, continu à cette membrane.

Au reste, la pie-mere paroît n'être
autre chose qu'un tissu cellulaire qui
enchaîne tous les vaisseaux qui partent du cerveau, & qui y aboutissent. Elle est continue dans les ventricules latéraux avec le plexus choroïde formé par les vaisseaux qui s'in-
sinuent à travers cette membrane dans
les sinus antérieurs ; par la fente qui
se trouve entre la moëlle allongée &
la partie moyenne interne du bord in-

férieur du lobe moyen du cerveau, & par l'intervalle qui est entre le bord postérieur du corps calleux, la glande pinéale & les nàtès. Ce sont les deux seules ouvertures par lesquelles les vaisseaux puissent entrer ou sortir des ventricules latéraux. La pie-mere est aussi continue ou forme, au moyen des vaisseaux qu'elle enchaîne, le plexus choroïde du quatriéme ventricule, bouche ainsi l'ouverture qu'il y auroit de ce ventricule vers la base du crâne, unie qu'elle est par un tissu cellulaire lâche avec l'arachnoïde qui, dans cet endroit, paroît former une espèce d'entonnoir autour du cervelet.

Un *Ligament dentelé*, situé dans le canal de l'épine, entre la dure-mere & l'arachnoïde, & dans l'intervalle des filets-antérieurs & postérieurs de la moëlle épiniere, est adhérent à cette membrane & à la dure-mere, paroît séparer les cordons antérieurs des cordons postérieurs avant leur sortie de l'épine.

Les nerfs sont des trousseaux médullaires très-mols dans leur origine, composés de petits filets distincts, droits & paralleles. Ces petits filets

sont couverts à peu de distance de
la moëlle du cerveau, de la pie-mere
qui les unit en un trousseau plus solide. Ces filets s'approchent ensuite
de plus en plus de la dure-mere dans
laquelle ils s'engagent, de sorte que
chaque nerf qui sort du crâne & de
l'épine, est ordinairement environné de la dure-mere : il devient en
conséquence plus ferme & plus solide. Chaque cordon ainsi formé, se
porte ensuite à travers les autres parties du corps auxquelles il n'est uni
que par un tissu cellulaire plus ou
moins serré, & il se distribue dans
son trajet aux différentes parties qui
l'environnent, de maniere que chaque filet qui part de chaque cordon
de nerfs, est renfermé dans ce cordon, & se continue jusqu'à la moëlle du cerveau qui le produit.

Nous dirons donc que les nerfs se
ramifient en branches, que ces branches se divisent en rameaux, que ces
rameaux se subdivisent en filets, *&c.*
sous différens angles ; que lorsque les
filets d'un même nerf s'entrelassent
ensemble, ou avec les filets d'un autre nerf, ils forment des *plexus* ; &
lorsque ces filets seront si intimement

unis dans l'endroit où ils fe rencontreront , qu'ils feront gonflés dans cet endroit , & qu'ils formeront une efpèce de ganglion , nous les nommerons *plexus ganglio-formes*. Les nerfs paroiffent enfin fe terminer en pulpe , après s'être féparés des guaines qui les environnoient.

Il part de tout le fyftême du cerveau différens filets nerveux , qui en fe réuniffant , paroiffent former de chaque côté quarante cordons auxquels on a donné le nom de *paires des nerfs*. On en obferve dix à la bafe du cerveau dans le crâne , & trente partent de la moëlle épiniere.

Les dix qui s'obfervent à la bafe du cerveau , font les *olfactifs* , les *optiques* , les *moteurs* , les *patéthiques* , la *cinquiéme paire* , la *fixiéme paire* , la *feptiéme paire* , la *huitiéme paire* , la *neuviéme paire* & la *dixiéme paire*. Nous en avons parlé ci-devant.

La moëlle du cervelet ne produit d'autres nerfs que ceux de la quatriéme & de la cinquiéme paire. Les olfactifs, les optiques, la troifiéme paire tirent leur origine de celle du cerveau. Les autres viennent de la moëlle allongée formée par la réunion des filets médullaires du cerveau avec les filets médullaires du cervelet.

Tous ces nerfs se distribuent dans toutes les parties du corps d'une façon très-compliquée, & dans le détail de laquelle nous n'entrerons pas ici. Nous devons cependant observer que tous les nerfs vertébraux, si on en excepte un ou deux du col, se divisent à leur sortie de l'épine en tronc antérieur & en tronc postérieur ; que le tronc postérieur se distribue entierement aux muscles, & qu'il part de l'antérieur différens filets, dont les uns s'unissent avec le cordon vertébral situé immédiatement au-dessus, d'autres avec celui qui est immédiatement au-dessous, enfin d'autres à un nerf situé le long de la partie latérale & antérieure des vertébres & de l'os sacrum. (On le *nomme nerf intercostal* ou *grand sympatique*, & on regarde les filets que nous avons dit s'unir à la sixiéme paire, comme le commencement de ce nerf, de sorte que ce nerf formé, pour ainsi dire, par ces deux filets & par les filets des nerfs verbraux se distribue au cœur & à tous les viscéres du bas - ventre.) On ob

ferve dans le trajet de ce nerf prefque autant de ganglions qu'il reçoit
de rameaux des nerfs vertébraux, fi
ce n'eft dans les endroits où plufieurs
de ces rameaux vertébraux concourent dans le même ganglion, comme il arrive dans le col, dans lequel
ces ganglions font ordinairement au
nombre de deux. Le *fupérieur* eft fitué
fur les parties latérales & antérieures
de la 1re & 2de vertébres du col; c'eft le
plus gros de tous les ganglions de ce
nerf, & on le nomme *ganglion cervical
fupérieur. Le ganglion cervical inférieur* eft
fitué fur la feptiéme vertébre du col.
Les ganglions thorachiques font placés fur les parties latérales & antérieures des vertébres du dos, dans l'endroit
où l'extrémité des côtes eft articulée
avec ces vertébres. Les lombaires font
fitués fur celles des vertébres des lombes, &c. Ces ganglions font quelquefois fi petits dans les adultes, qu'ils font
imperceptibles, ce qui donne tout lieu
de préfumer que ces ganglions font
produits par les tiraillemens, ou les
compreffions, ou les frotemens auxquels les nerfs qui les compofent font
expofés dans les endroits où s'obfervent ces tumeurs naturelles.

Le

Le nerf spinal ou *l'accessoire de la huitiéme paire* vient de la moëlle allongée & de la moëlle épiniere, entre les filets antérieurs & les postérieurs qui forment les sept paires cervicales supérieures, fort près des filets postérieurs ; il paroît remonter de l'épine dans le crâne, & composé de plusieurs filets réunis ensemble pour former un cordon qui passe par le même trou de la huitiéme paire. Il est quelquefois séparé de ce nerf par une petite languette de la dure-mere. Il se distribue comme nous le dirons dans la suite. Quant aux autres nerfs qui ont différentes dénominations, comme le diafragmatique, les nerfs de l'extrémiré supérieure, ceux de l'extrémité inférieure, &c. nous en parlerons & nous suivrons leur distribution, autant qu'il nous sera possible, dans le chapitre suivant où nous indiquerons les moyens de les chercher.

Le cerveau reçoit du sang par les carotides internes & par les vertébrales. Ces artéres se distribuent aussi à la moëlle épiniere qui en reçoit inférieurement des artéres intercostales, des lombaires & des sacrées. Il y a

Y

lieu de préfumer que s'il se fépare
quelque fluide dans le cerveau,
ce fluide paffe dans les filets de la
moëlle & dans les nerfs, tandis que
le refte du fang eft porté par différentes veines dans les finus de la
dure-mere dont nous avons parlé ci-
devant.

Voilà en général ce que l'anatomie nous apprend fur le cerveau &
fur les nerfs ; cependant comme on
a effayé de tout tems de développer
les actions & les ufages de ces parties, il ne fera pas hors de propos de
joindre ici toutes les différentes quef-
tions qu'on fait à ce fujet. En effet
comme elles ont une liaifon intime avec la ftructure de ces parties , on fera par ce moyen à
portée de s'en éclaircir par la diffection de ces parties. Il fe préfente
donc plufieurs chofes à examiner dans
la ftructure du cerveau, favoir, 1°. fi
le cerveau eft l'inftrument particulier
des mouvemens & des fenfations ; 2°.
fi toute la fubftance corticale eft
formée par les vaiffeaux qui s'y rendent, & fi la fubftance médullaire
n'eft compofée que de fibres immédiatement continues aux extrémités

des vaisseaux de la substance corticale, ou s'il y a entre les filets médullaires & ceux de la substance corticale, une cavité à laquelle les filets de l'une & l'autre substance aboutissent ; 3°. si les nerfs sont continus à cette moëlle, & si toute la substance médullaire concoure à former les nerfs, ou si une partie est employée à entretenir le commerce entre les différentes parties du cerveau ; 4°. si les filets médullaires sont creux, & s'il se sépare dans le cerveau quelque fluide qui se porte par ces filets dans les différentes parties du corps pour y produire le mouvement & les sensations ; 5°. si les fonctions vitales & animales doivent être distinguées l'une de l'autre par rapport aux nerfs qui se distribuent à ces organes ; & si cela n'est pas, quelle peut être la cause du mouvement perpétuel du cœur, des intestins & des organes de la respiration ; 6°. si l'homme a plus de cerveau que tous les animaux ; 7°. si l'ame réside d'une façon partculiere dans quelque partie du cerveau ; 8°. si la tige pituitaire est creuse ; 9°. si la dure-mere peut avoir

un mouvement particulier de dila-
tation & de contraction, par lequel
elle agisse sur le cerveau comme le
cœur agit sur le sang.

1º. Il ne paroît pas qu'on puisse
douter que c'est dans le cerveau,
dans le cervelet & dans la moëlle
épiniere que réside la cause de tous
les mouvemens des corps animés,
& que de-là elle s'étend dans toutes
les parties, par le moyen des nerfs.
En effet, pour qu'on pût dire que la
cause du mouvement subsiste dans
chaque partie, il faudroit qu'après
la destruction du cerveau cette cause ne fût point détruite ; encore
qu'elle ne s'animât pas lorsqu'on
irrite le cerveau, ou qu'elle ne fût
point altérée lorsqu'il est comprimé,
or c'est ce qui n'arrive point.

2º. *Malpighi* pensoit que la substance corticale étoit formée par tous
les vaisseaux qui s'étendent dans le cerveau, & que ces vaisseaux, c'est-à-
dire, les artéres se terminoient dans
des petits grains dans lesquels ils
déposoient le suc nerveux. Voici sur
quoi il fondoit son opinion. Pre-
mierement, lorsqu'on a dépouillé le
cerveau de la pie-mere & qu'on ver-

se dessus une liqueur noire, il reste, lorsqu'on l'a ôtée des lignes noires qui s'entrecoupent en forme de réseau, & qui laissent dans leurs intervalles des petits corps olivaires blancs. 2°. Si on fait cuire le cerveau dans l'huile, après l'avoir dépouillé de la pie-mere, on observe sur toute la surface des petits tubercules ronds. 3o. On a souvent observé dans les hydrocéphales que la substance corticale étoit toute composée de petites bulbes remplies d'eau. Ruisch au contraire prétendoit qu'elle étoit toute vasculaire, & il le démontroit par ses injections qui la faisoient presque rougir toute entiere, ce qui n'eût pû arriver si elle n'étoit composée d'une grande quantité de vaisseaux.

Quoi qu'il en soit, il est certain que nous n'avons pas encore d'observations ni d'expériences assez certaines pour confirmer l'une ou l'autre de ces opinions ; & quoiqu'on objecte contre le sentiment de Malpighi, que si le fluide qui se sépare dans le cerveau avoit à traverser ces petites cavités, qu'il seroit considérablement retardé dans sa course, celui de Ruisch n'en est pas plus confirmé, puisque dans l'un ou dans l'autre, les fonctions de ce suc nerveux s'expliqueroient également bien, une fois que le fait seroit bien constaté.

30. Il est certain par ce qui vient d'être dit, qu'on ne peut déterminer s'il y a quelques cavités intermédiaires entre les filets de la substance cendrée & ceux de la substance corticale. Quant à la question, si la substance corticale est continue à la médullaire, elle paroît confirmée par plusieurs raisons ; 1°. parce qu'on n'observe entre la substance médullaire & la substante corticale aucun corps qui les sépare l'une de l'autre ; 2°. parce que la substance médullaire augmente toujours à raison de la substance corticale ; 3°. parce que lorsqu'on a fait évaporer la partie humide du cerveau, on voit alors la substance corticale rangée autour de la médullaire à peu près comme l'émail autour de la dent, composée de plusieurs petits filets qui paroissent continus aux fibres de la substance médullaire. Au reste on ne peut dire que la substance médullaire soit produite par les vaisseaux sanguins qui s'y observent, puisqu'on voit manifestement qu'ils ne font que la traverser.

4o. Les nerfs font formés par la fubftance médullaire, puifqu'on la découvre en les décompofant, que d'ailleurs ils lui font immédiatement continus, & que la moëlle eft fibreufe, comme on le voit dans le corps calleux, dans la protubérance annulaire & dans diverfes autres parties du cerveau. Il n'eft donc pas douteux que la fubftance médullaire ne forme les nerfs; mais fi on compare la fomme de tous ces nerfs à celle de tous les filets médullaires qui paroiffent partir de chaque point du cerveau, cette derniere paroît de beaucoup furpaffer la premiere; & on eft d'autant plus autorifé à le croire, qu'on obferve différentes parties de cette moëlle dont les filets ne paroiffent avoir aucun commerce avec les nerfs, tels font ceux du corps calleux, la commiffure des lobes antérieurs du cerveau, *&c.* A quel ufage ces autres filets font-ils donc deftinés ?

5o. L'œil armé des meilleurs microfcopes n'a encore pû découvrir fi les filets médullaires font creux; tout ce qu'il y a de certain, c'eft que l'abondance du fang qui fe porte

au cerveau, prouve qu'il se fait dans
ce viscére quelque sécrétion. Or il
n'est pas probable que les artéres
soient continues aux filets médullaires, sans que ces filets soient creux,
d'autant que cela ne s'observe dans
aucuns des autres viscéres dans lesquels les vaisseaux secreteurs se continuent dans d'autres qui sont manifestement creux. D'ailleurs il est
constant par l'expérience que le
nerf lié se gonfle , non pas à la
vérité aussi promptement & aussi manifestement que les veines & les artéres , mais quelque tems après la ligature, & qu'on a observé des tumeurs dans les nerfs à la suite de quelques compréssions & à la suite des
amputations après la ligature. On
n'objectera point que ce fluide coule
au long de ces filets solides , puisqu'alors ce fluide couleroit dans des
cavités capables de le contenir &
continues aux extrémités des artéres ; ainsi les filets médullaires
dans ce cas seroient continus aux
parois des artéres , & formeroient
les parois de ces cavités , ce qui
reviendroit au même. Joignez à
cela que les derniers filets nerveux
qui

qui se distribuent dans les parties sont si petites, qu'il n'est pas probable qu'ils aient de côté quelque cavité réguliere à travers laquelle le suc nerveux puisse circuler d'une maniere non interrompue.

5°. Un même nerf se distribue en même tems à des organes destinés aux fonctions vitales, & à d'autres destinés aux fonctions animales. Il n'est donc pas vrai de dire que le cervelet produise les nerfs qui se distribuent aux organes de la vie, & que ce soit du cerveau que proviennent les nerfs des sens & ceux qui se rendent aux organes des mouvemens volontaires. La huitiéme paire en peut servir d'exemple. On ne peut donc déduire de-là la cause du mouvement continuel du cœur & des intestins. On peut, si on le juge à propos, attribuer ce mouvement à un agacement, à un chatouillement, à une irritation successive produite par une cause telle qu'elle puisse être.

6°. L'homme, proportion gardée, a beaucoup plus de cerveau que les animaux ; puis le singe, le castor, l'éléphant, le chien, le renard, le chat & ainsi de suite de tous les

Z

autres animaux, suivant qu'ils ont plus de rapport à la figure humaine. Suivent ensuite les oiseaux, puis les poissons qui ont très-peu de cerveau. L'Anatomie comparée nous a appris que le volume du cerveau est toujours dans les animaux en raison de leur instinct ; que les hommes en ont plus que les autres animaux, & que les animaux en ont d'autant moins qu'ils ont moins de rapport avec l'homme. La baleine, un des plus gros animaux aquatiques, a très - peu de cerveau par rapport à son volume. Le lion, le plus féroce des animaux, a un cerveau très-petit. Le singe, rusé & ingénieux, en a un assez grand.

7°. Quoique Décartes, Willis, Vieussens, Lancisi & d'autres Auteurs ayent osé assigner à l'imagination, à la mémoire, au sens commun, certains lieux, certaines places dans le cerveau ; qu'ils ayent placé la perception dans le corps cannelés, l'imagination dans les corps calleux, les passions dans la protubérance annulaire, l'instinct naturel dans les nàtès ; il est certain qu'aucune bonne expérience, qu'aucune autorité va-

…table ne confirme ce sentiment; …qu'il n'est pas mieux appuyé que ce-…lui de Décartes qui mettoit l'ame dans …la glande pinéale de Lancisi qui la …supposoit dans le corps calleux, par-…ce que les sens paroissent concourir …plus dans cet endroit que par tout …ailleurs; puisqu'au moins il faudroit, …pour donner à cette opinion quelque …air de probabilité, assigner l'endroit …commun dans lequel toutes les fibres …médullaires concourent.

8°. Il est encore en question si la …tige pituitaire est creuse. Il faut con-…venir que dans quelques sujets elle …est si remplie d'une substance mole …& pulpeuse, qu'on a tout lieu de la …croire solide; mais d'autres fois elle …paroît creuse, & même je serois …porté à croire qu'elle communique …dans les sinus caverneux, si j'avois …répété plus souvent l'expérience dans …laquelle j'ai fait passer du troisiéme …ventricule par cette tige, du mercure …dans les sinus caverneux.

9°. Nous ne nous arrêterons pas …ici à rapporter toutes les expériences …que l'on a fait pour prouver que la …dure-mere a un mouvement de sis-…tole & de diastole. Quoiqu'elle

paroisse composée de fibres , se[s]
adhérences intimes avec les os d[u]
crâne s'opposent manifestement à c[e]
mouvement, & ces fibres y paroisse[nt]
moins destinées , qu'à donner à cett[e]
membrane la force qui lui est néce[s]
saire pour les différens usages don[t]
elle est pour soutenir le cerveau [,]
empêcher que l'émisphére du côt[é]
droit ne comprime celui du côt[é]
gauche , que les lobes postérieurs d[u]
cerveau ne compriment le cerve[-]
let, pour fortifier les parois des dif[-]
férens sinus & s'opposer à leur dila[-]
tation.

CHAPITRE SECOND.

De la Préparation du Cerveau & des Nerfs.

Quoiqu'il soit plus facile de pré[-]
parer les nerfs sur les jeunes su[-]
jets , il faut néanmoins convenir qu[e]
les nerfs sont beaucoup plus sensible[s]
dans les adultes , & qu'ils ont plu[s]
de fermeté. Les sujets maigres son[t]
toujours les plus propres à ces sorte[s]
de préparations, surtout s'ils sont in[-]

filtrés, parce qu'alors les nerfs font plus blancs.

Outre les inftrumens dont nous avons parlé dans le Chapitre fecond *du Traité des Mufcles*, & ceux dont il fera parlé dans le Chapitre troifiéme *du Traité des Vifcéres*, on doit avoir un névrotome tel qu'il eft indiqué *Planche* 2de au moyen duquel on puiffe difféquer les nerfs dans les endroits profonds, & féparer plus facilement le tiffu cellulaire qui les enchaîne. Il eft à propos, outre les hérignes, d'avoir de petits crochets. (Voyez *Planche feconde*) au moyen defquels on puiffe éloigner les parties les unes des autres, autant qu'il fera néceffaire.

On doit obferver de ne point flétrir, ni de ne point trop tirailler les nerfs préparés, parce qu'alors ils deviennent fi petits que leurs filets font imperceptibles.

On ne peut commencer la diffection des nerfs par leurs troncs ; on eft donc obligé de les parcourir, de la circonférence au centre, de leurs extrémités vers leurs troncs, de la peau vers la moëlle épiniere & vers le cerveau. Ce font donc les nerfs les plus petits qui se présentent d'abord ; ainsi on ne peut apporter trop d'attention pour en bien remarquer la distribution.

Nous pouvons diviser ce que nous avons à dire sur ces préparations en cinq paragraphes. Dans le premier, il s'agira de la préparation des nerfs du col & des parties extérieures de la tête ; dans le second, de celle des nerfs de l'extrémité supérieure, & des rameaux postérieurs des nerfs du dos & des lombes ; dans le troisiéme, des nerfs de la poitrine, du bas-ventre & du bassin ; dans le quatriéme, de celle des nerfs de l'extrémité inférieure ; dans le cinquiéme enfin, de la preparation du cerveau, de la moëlle épiniere & des nerfs inférieurs de la tête.

Voici la maniere de décomposer les nerfs en leurs petits filamens. Il est difficile de diviser les nerfs en leurs petits filamens, lorsqu'ils ont une fois reçu de la dure-mere leur plus forte enveloppe ; mais on les sépare aisément, lorsqu'on les prend au-dessus. Ceux qui forment la queuë de cheval sont plus propres pour cette préparation, parce qu'ils sont longs, & que leurs filets ne sont unis que par une membrane très-mince & très-foible. L'un de ces cordons étant coupé au sortir de la moëlle de l'épine, & avant qu'il ait reçu une enveloppe de la dure-mere, on liera une de ses extrémités avec un cheveu, & on le suspendra dans un vaisseau plein d'eau, ou après l'avoir laissé macérer quelque tems, on le retirera vers le bord du vaisseau; & tenant le cheveu d'une main, on aura une aiguille emmanchée de l'autre, avec laquelle on fera doucement une légére égratignure le long du nerf; on continuera cette opération, jusqu'à ce qu'en agitant le nerf dans l'eau, il paroisse comme une forte toile tissue de fibres fort petites, & on le mettra alors dans la liqueur pour le conserver. Si on a auparavant injecté les vaisseaux sanguins, on attachera le cheveu à l'extrémité du nerf, le plus près de la dure-mere qu'il sera possible, afin que le tronc du nerf & l'artére paroissent ensemble. Lorsqu'on a ainsi préparé quelqu'un des nerfs de la queuë de cheval, l'effet en est très-beau, parce que presque tous les filets du nerf paroissent accompagnés de leur vaiffeau fanguin injecté.

Nous ne nous arrêterons pas ici à prefcrire la méthode qu'on doit fuivre pour couper la peau & pour la lever ; tout ce que nous devons faire obferver, c'eft qu'on doit uniquement l'enlever, & peu à peu détruire le tiffu cellulaire qui eft au-deffous, fans quoi on court rifque de couper les nerfs qui font fitués immédiatement au-deffous de la peau. On peut encore, lorfqu'on veut conferver les préparations, ne pas détacher la peau, afin de les couvrir.

§. I.

De la Préparation des Nerfs extérieurs du Col & de la Tête.

Il faut pour préparer les nerfs extérieurs du col & de la tête, lever la peau & la graiffe fur les parties latérales du col, de la tête, de la face, &c. & après avoir dégagé le tiffu cellulaire fur les parties latérales du col, on obfervera, 1º. la *branche* de la feconde paire cervicale qui fe coude & fe porte obliquement fur la partie fu-

périeure du muscle sterno-clino-mastoïdien , & se sépare d'abord en deux
branches , dont l'une se porte transversalement vers la partie antérieure
du larynx , immédiatement au-dessous du muscle peaucier auquel elle
jette quelques filets ; on la suivra en
détruisant de ce muscle autant qu'il
est nécessaire pour la découvrir. Elle
va se perdre antérieurement dans la
peau. L'autre branche monte obliquement sur la partie supérieure du
muscle sterno-clino-mastoïdien , & se
divise à peu de distance en deux rameaux , dont l'un traverse la parotide que l'on détruira à mesure qu'il en
fera besoin , & va s'unir avec des filets du rameau inférieur de la branche
moyenne de la portion dure. L'autre
rameau parvenu au-dessous de l'a-
pophyse mastoïde , se subdivise en
deux filets , dont l'un se perd dans
la partie inférieure & antérieure de
l'oreille , & l'autre se distribue à la
face postérieure de l'oreille.

Lorsqu'on aura détruit avec attention la glande parotide , on découvrira dans le fond & à la partie antérieure de l'apophyse mastoïde , une
branche de nerf qu'on appelle *la por-*

tion dure. En suivant ce nerf, on verra qu'il se divise d'abord en deux branches, dont l'une se distribue à la partie supérieure & moyenne de la face, aux tempes, *&c.* & l'autre va gagner la partie postérieure de l'angle de la mâchoire inférieure, où elle se subdivise en deux rameaux, après avoir jetté un filet sur la partie moyenne & inférieure du muscle masseter; (ce filet s'unit avec un autre filet du rameau inférieur de la branche supérieure de la portion dure) & quelqu'autres postérieurement à la glande parotide.

En détruisant peu à peu le muscle triangulaire des lévres, le quarré du menton, l'orbiculaire des lévres, on découvre la premiere branche ou *le mentonier.* Ce rameau se porte le long de la partie inférieure du masseter, jette dans ce trajet, de part & d'autre, plusieurs petits filets aux parties voisines, & gagne le menton, en se portant le long de la partie inférieure & moyenne de la face externe de la mâchoire inférieure. Avant de se perdre par plusieurs filets dans le menton, il s'unit sur ses parties latérales avec des filets d'une branche

de nerf qui sort par le trou mentonnier. La seconde branche ou le *sous-
mentonier* descend obliquement, immédiatement au-dessous du muscle
peaucier, gagne la partie supérieure
du larynx, & se distribue dans cet
endroit par plusieurs filets à la glande maxillaire, au muscle peaucier,
à la peau & à la graisse.

On trouve, vers l'origine de la
portion dure, un petit filet qui se
porte obliquement en bas, & se divise sur la partie supérieure du muscle stylo-hyoïdien en deux, dont
l'un s'unit avec le rameau sous-men-
tonier, & l'autre se perd dans ce
muscle.

La branche supérieure de la portion dure, après avoir jetté postérieurement quelques filets à la glande parotide, monte sur le condyle de
la mâchoire inférieure. Dans ce trajet, elle se divise en trois rameaux
principaux, & se perd ensuite sur la
partie supérieure & moyenne des tempes, en formant une espèce de patte d'oïe. On la découvrira en détruisant les muscles zigomatiques, l'orbiculaire des paupiéres, le grand in-
cisif, l'orbiculaire des lévres, &c.

Le rameau inférieur où le *labial* se porte sur la partie moyenne du muscle
masseter, où il se divise en plusieurs
filets, dont quelqu'uns des inférieurs
s'unissent au mentonier, d'autres au
sur-orbitaire , d'autres au sous-orbitaire du maxillaire supérieur de la
cinquiéme paire, & enfin quelques-
uns se perdent dans l'angle des lévres.
Le rameau moyen ou le *sous-orbitaire*
paroît dans son origine uni avec le
rameau de la branche de la cinquiéme paire , qui accompagne la portion dure à sa sortie par le trou sty-
lo-mastoïdien. En suivant ce nerf,
on le voit se diviser en plusieurs filets
qui s'épanouissent sur la partie supérieure de l'os de la pomette, dont
les inférieurs vont se rendre à la partie supérieure du muscle orbiculaire.
Le rameau supérieur ou *le sur-orbitaire*
passe par-dessus la racine de l'apophyse zigomatique de l'os des tempes où il se divise en trois filets, dont
l'interne va gagner la partie supérieure de la fosse orbitaire , pour s'unir
avec des filets du nerf frontal. Les
autres se perdent au-dessus de l'aponévrose du muscle crotaphite dans
la peau , dans la graisse, dans les

muscles de l'oreille & du front.

Lorsqu'on a enlevé assez profon-
dement la parotide, on découvre vers
la partie postérieure du condyle de la
mâchoire inférieure, un *rameau* de la
branche linguale de la cinquiéme paire, lequel s'unit par deux filets à la
branche sous-orbitaire, se porte vers
la partie antérieure de la racine de
l'oreille à laquelle il jette quelques filets, & se perd sur les parties latérales de l'oreille. On voit dans la face,
après avoir détruit une grande partie des muscles, & autant qu'il est
nécessaire pour découvrir les nerfs,
1°. à la partie supérieure de la fosse
orbitaire, un nerf qui sort par le
trou sourcilier, se divise en plusieurs
filets à la sortie de ce trou, dont
quelques-uns s'unissent sur les parties
latérales externes au rameau *sur-orbi-*
taire de la portion dure, & les autres
se perdent sur les parties antérieures
& supérieures de la tête dans le muscle frontal, dans la peau & dans la
graisse : c'est le *nerf frontal.* 2°. On voit
à la partie inférieure de l'orbite un
nerf fort considérable, qui sort par
le trou orbitaire inférieur, se divise en
plusieurs branches qui s'épanouissent

en forme de patte d'oïe fur la mâchoire fupérieure : c'eft le *fous-orbitaire* de la maxillaire fupérieure. Quelques-uns des filets latéraux externes de ce nerf s'uniffent dans trois ou quatre endroits différens avec des rameaux & des filets du fous-orbitaire & de la labiale de la portion dure ; les autres fe perdent dans la lévre fupérieure & fur les parties latérales du nez. Un petit filet monte en haut, & fe porte par-deffous le mufcle orbiculaire vers l'angle interne de l'œil. 3°. On découvre vers la mâchoire inférieure un nerf qui fort par le trou mentonier, fe divife à la fortie de ce trou en deux branches, dont l'une gagne l'angle des lévres où elle s'unit au mentonier, & s'y diftribue par plufieurs filets ; l'autre fe porte vers la partie moyenne & inférieure du menton.

A la partie poftérieure de la tête, on voit fur les parties latérales du mufcle fterno-clino-maftoïdien, un fecond *rameau récurrent* de la feconde branche cervicale. Ce nerf arrivé à la partie inférieure de la tête, fe divife en plufieurs filets qui fe diftribuent au mufcle occipital, à la peau & à la graiffe. Enfin après avoir ôté avec

attention le tiſſu cellulaire & les graiſſes qui ſont ſur les parties latérales du
col, entre le muſcle ſterno-clino-maſ-
toïdien & le trapéze ; après avoir
détaché le muſcle ſterno-clino-maſ-
toïdien par ſa partie inférieure & par
ſa partie ſupérieure, ſans l'enlever ;
renverſez-le en devant, & ôtez les
graiſſes & les glandes qui ſont au-deſſous ; vous découvrirez alors les *trois
premieres paires cervicales*, & vous verrez la ſeconde paire cervicale unie
par ſa partie ſupérieure avec la premiere par deux filets, avec le ganglion cervical ſupérieur de l'intercoſtal par un filet, & avec la troiſiéme par deux ou trois autres filets ;
que cette paire, outre les deux rameaux qui croiſent le muſcle ſterno-
clino-maſtoïdien, outre le rameau
qui ſe porte à la partie poſtérieure de
la tête, qui dans cet endroit s'unit
par un filet avec le nerf ſpinal (le nerf
ſpinal ſe voit vers la partie ſupérieure
de la jugulaire, vient paſſer à travers
une portion du muſcle ſterno-clino-
maſtoïdien dans lequel il ſe diſtribue
en grande partie, & de-là ſe porte
vers les parties latérales & poſtérieures du col, ou, en s'uniſſant avec le

rameau dont nous avons parlé, il va se perdre dans la partie moyenne du muscle trapéze.) Que cette paire jette encore quelques filets au scalene, & fournit un filet, qui en s'unissant avec un autre de la troisiéme paire cervicale, va former une anse sur la partie moyenne de la jugulaire interne, avec un rameau qu'un gros nerf que l'on observe audessous du digastrique (la *neuviéme paire*) jette le long de la partie latérale interne de la jugulaire. Il part de cette anse plusieurs *filets* qui se distribuent aux muscles sterno-thyroïdien, sterno-hyoïdien & hyo-thyroïdien. Le *rameau* le plus remarquable va à la partie inférieure des muscles sterno-hyoïdien & sterno-thyroïdien dans laquelle il se perd.

La troisiéme paire cervicale jette, avant de s'unir avec la seconde, un *rameau* que l'on suivra vers la partie postérieure du col. Ce rameau se porte obliquement sur la portion postérieure du scalene auquel il jette quelques filets, & va se perdre dans le releveur de l'omoplatte. Cette paire s'unit ensuite avec la seconde paire cervicale, & se divise en deux branches,

ches. L'une de ces branches se porte vers la partie supérieure & antérieure du tronc, & se subdivise en trois rameaux. Un de ces rameaux va obliquement par-dessus la clavicule & par dessus le muscle grand pectoral, & se perd par plusieurs filets dans la peau & dans la graisse. Le moyen passe pardessus la clavicule, entre le grand pectoral & le deltoïde, & se distribue par plusieurs filets à la peau & à la graisse. Le troisiéme va au-dessus de la face supérieure de la portion humérale de la clavicule, & se perd par plusieurs filets dans la peau & dans la graisse. La seconde branche se divise en plusieurs filets qui se distribuent par-dessous la trapéze.

La seconde & la troisiéme paire cervicale jettent à leur sortie de l'épine chacune un filet. Ces filets s'unissent & se portent le long de la partie antérieure de la portion antérieure du scalene, forment vers la partie moyenne de ce muscle une espèce de petite anse en s'unissant à la quatriéme paire cervicale. Ce nerf s'unit aussi par un ou deux petits filets, vers la partie inférieure du muscle droit antérieur de la tête, avec le nerf in-

ter-coſtal , & il entre dans la poitrine ; c'eſt là le *nerf diaphragmatique.*

Après avoir obſervé tous ces nerfs,
ſciez la mâchoire inférieure dans ſa
partie moyenne ; ſéparez avec attention les ligamens de ſon articulation
& le muſcle maſſeter ; renverſez-la
un peu ſur la mâchoire ſupérieure ,
vous pourrez alors ſuivre avec facilité
la neuviéme paire. Tirez pour cet effet la glande maxillaire de côté ;
coupez le muſcle ſterno-hyoïdien &
le tendon du digaſtrique ; obſervez
dans cet endroit le *rameau* que la neuviéme paire jette au muſcle hyo-thyroïdien. En ſuivant ce nerf vers le
menton , levez le muſcle digaſtrique,
le muſcle mylo - hyoïdien & gényo-
hyoïdien , & vous verrez cette paire
ſe perdre principalement dans le muſcle génio-gloſſe. En détachant le muſcle baſio-gloſſe de l'os hyoïde , vous
découvrirez un autre *rameau* de la
huitiéme paire qui va en devant ſe
perdre dans la langue ; vous le ſuivrez en arriére en détruiſant la carotide externe par-deſſus laquelle ce
nerf paſſe ; & en dégageant dans cet
endroit le muſcle digaſtrique , le tiſſu
cellulaire , la graiſſe , *&c.* vous ob-

serverez vers le commencement de la jugulaire interne qu'il faut aussi couper, le nerf inter-costal & la huitiéme paire de nerfs qui se portent vers la poitrine, entre la jugulaire & la carotide. Séparez les muscles stylo-glosse & stylo-pharyngien ; détruisez le tissu cellulaire & la graisse, & vers le bord de la mâchoire inférieure, la glande maxillaire ; vous verrez un *rameau* de nerfs qui jette quelques filets à la glande maxillaire ; suivez ce rameau, en coupant le digastrique jusques dans le muscle mylo-hyoïdien dans lequel il se perd. Coupez le muscle ptérygoïdien interne, & vous observerez vers la partie supérieure de la face interne de la mâchoire inférieure un nerf fort considérable, qui passe par-dessous le ptérygoïdien externe, se porte le long des parties latérales de la langue, & jette en passant sur la glande maxillaire plusieurs filets à cette glande. Ces filets paroissent former quelquefois dans cet endroit une espèce de *petit ganglion*. En détruisant une partie de cette glande, on voit ce nerf passer par-dessus la glande sub-linguale, se diviser en plusieurs filets, s'unir avec la neuviéme paire , & fe diftribuent principalement dans l'extrémité de la langue où on le peut fuivre jufqu'aux papilles nerveufes.

Après avoir coupé une membrane ligamenteufe qui couvre les vaiffeaux qui fe rendent dans la mâchoire inférieure par le trou mentonier poftérieur, on voit que le *filet* qui fe diftribue au mufcle mylo-hyoïdien vient de la branche qui s'engage dans le canal de la mâchoire inférieure. On découvre auffi dans cet endroit deux *petits filets* qui partent de cette membrane, & vont s'unir au nerf fub-lingual. On doit obferver, en ôtant la graiffe qui fe rencontre entre le mufcle crotaphite & la mâchoire inférieure, une branche de nerf qui vient paffer vers la partie antérieure de l'apophyfe coronoïde par-deffus le buccinateur, s'unir dans cet endroit avec le rameau labial de la portion dure, & fe perdre par plufieurs filets dans ce mufcle, dans les glandes des gencives & dans l'angle des lévres. On coupera enfuite le mufcle crotaphite, on renverfera alors la mâchoire inférieure, en obfervant bien le petit rameau que nous avons dit s'unir avec

la branche fous-orbitaire de la portion
dure. On fuivra ce rameau autour de
l'articulation de la mâchoire jufqu'au
trou ovale de la bafe du crâne ; &
c'eft là où on remarquera que la branche qui s'engage dans le conduit de
la mâchoire inférieure, que celle qui
fe diftribue à la langue, que celle qui
paffe derriere le condyle de la mâchoire inférieure, pour accompagner
la portion dure, *&c.* font des branches du même nerf qui paffe par le
trou ovale, c'eft-à-dire, de la *troi-*
fiéme branche de la cinquiéme paire.

En découvrant le mufcle périfta-
phylin interne, on voit un rameau
de la branche linguale qui croife ce
mufcle & qui fe porte par la trompe,
vers l'oreille, dans la caiffe où il
s'unit à la portion dure pour former
la *corde du tambour.*

Détruifez l'apophyfe ftyloïde, & vous
découvrirez, 1°. vers la foffe de la
jugulaire, fur la partie poftérieure de
cette foffe, *l'acceffoire* de la huitiéme
paire qui fe diftribue au mufcle fter-
noclino-maftoïdien, comme nous l'a-
vons dit ci-devant ; 2°. La neuviéme paire qui fe diftribue comme il
a été dit ailleurs, qui reçoit dans

cet endroit un filet de la dixiéme
paire qui paſſe par-deſſus la racine
de l'apophyſe tranſverſe de la premiere vertébre , & s'unit à la partie
ſupérieure du ganglion cervical ſupérieur du nerf intercoſtal. Elle paroît auſſi unie avec la huitiéme paire
par un ou deux filets. En la ſuivant
dans la foſſe jugulaire , vous la verrez ſe porter par-deſſous la huitiéme
paire vers le trou condyloïdien antérieur. 3°. La huitiéme paire dont une
branche ſituée à la partie antérieure
de la foſſe jugulaire va ſe diſtribuer
à la langue , & jette avant que d'y
arriver , pluſieurs filets ſur les parties
poſtérieures & latérales du pharynx.
La huitiéme paire ſituée vers la partie antérieure & poſtérieure de la
foſſe jugulaire , jette un filet qui croi-
ſe en-devant la carotide interne , &
va ſe diſtribuer à la partie poſtérieure & inférieure du pharynx , en s'u-
niſſant par un filet avec le rameau de
la neuviéme paire qui ſe diſtribue au
larynx , & qui paſſe par derriere la
carotide interne pour ſe rendre à la
partie ſupérieure du larynx , entre
l'os hyoïde & le cartilage thyreoïde ;
de ſorte que ces deux branches ren-

forment entr'elles la carotide interne.
Il part du rameau qui va au larynx
un *filet* que l'on suivra en dégageant
la carotide commune. Ce filet se
perd dans la partie supérieure de la
glande thyreoïde & dans la partie
inférieure & postérieure du larynx.
Ce rameau s'unit par un filet au
tronc de la huitiéme paire qui se
porte le long du col entre la jugulaire & la carotide, sans jetter aucun
rameau sensible. La branche du larynx est aussi unie par un ou deux
filets avec le ganglion cervical supérieur du nerf intercostal, & avec
des filets du nerf principal, que la
huitiéme paire jette au pharynx. Elle
jette aussi quelques filets dans l'endroit où la carotide se divise en
carotide interne & en carotide externe. Ces filets paroissent même former
dans cet endroit un petit ganglion.
En coupant le tronc de la huitiéme
paire, on le voit uni avec le ganglion cervical supérieur du nerf intercostal par un ou deux filets , & ce
ganglion est situé immédiatement sur
la partie antérieure des apophyses
obliques de la premiere vertébre
Le nerf inter - costal se continue

dans le crâne en se portant le long de la partie postérieure de la carotide interne, & en bas le long des parties latérales des vertébres du col sur les muscles. Il se rend de-là dans un ganglion qui s'observe vers la partie inférieure & antérieure de la sixiéme vertébre du col. C'est à ce ganglion que se rend aussi un filet de la seconde , troisiéme & quatriéme paire cervicale. Ce nerf se continue de-là dans la poitrine comme nous le dirons ailleurs.

Suivez le tronc de la portion dure dans son conduit. En détruisant avec un ciseau & le marteau le conduit auditif, pour découvrir la membrane du tambour; & en l'enlevant avec attention, vous observerez vers la partie postérieure de la caisse, le rameau de la portion dure qui passe sur l'enclume, & s'engage entre l'enclume & le marteau pour s'unir avec la branche du rameau lingual de la cinquiéme paire, que nous avons dit ci-devant concourir à former la corde du tambour.

Il est plus facile de suivre les autres nerfs qui se rendent à la face & dans les fosses orbitaires du dedans

dans

dans du crâne en dehors. Passez donc
à la préparation des nerfs postérieurs
de la tête & du col; levez la peau &
la graisse, & après avoir détruit le
tissu cellulaire qui est très-serré dans
cet endroit, vous trouverez supérieurement, entre les deux muscles
trapézes, une branche de nerf qui
se porte vers la partie postérieure de
la tête, & se distribue aux tégumens.

Levez le trapéze par sa partie supérieure, & observez que cette branche se divise en deux rameaux, dont
celui qui est au-dessous se distribue
en entier à la partie supérieure de
ce muscle. Observez aussi sur les parties latérales & postérieures de la
tête un nerf plus considérable qui
traverse le muscle splénius, & se divise
en plusieurs filets qui se perdent dans
les muscles occipitaux. Détachez le
splenius, & vous trouverez les filets
de ce nerf qui s'y perdent. Remontez
jusqu'à son origine, & vous le verrez sortir du crâne entre la seconde
vertébre du col; c'est la *branche postérieure* de la premiere paire cervicale.

Suivez ensuite le premier nerf que
vous avez découvert jusqu'à son ori-

gine, & vous rencontrerez les filets
que ce nerf jette aux transversaires
épineux du col : c'est la *branche postérieure* de la seconde paire cervicale.

En dégageant le complexus vous
verrez aussi la *branche postérieure* de la
troisiéme paire cervicale qui se distribue à la partie inférieure du trans-
versaire épineux, au trapéze, au splenius, au complexus, *&c.*

La dixiéme *paire de nerfs* du cerveau, qui se rencontre à la partie
postérieure de l'apophyse transverse
de la premiere vertébre du col, au-
dessous de l'artére vertébrale, se divise en deux *branches*, dont *l'une* se
distribue aux muscles droits & obliques de la tête, & *l'autre* s'engage dans
le trou de l'apophyse transverse de
la premiere vertébre, où vous la verrez
se subdiviser en deux rameaux, dont
l'un passe au-dessus de cette apophyse
pour aller s'unir au ganglion du nerf
intercostal, & *l'autre* s'unit avec la
premiere paire cervicale.

§. II.

De la Préparation des Nerfs de l'Extré-
mité supérieure, & des Cordons posté-
rieurs des Nerfs du dos & des Lom-
bes.

Pour préparer les nerfs de l'extrémité supérieure, il faut; 1°. Après
avoir levé la peau & la graisse, détacher le muscle grand pectoral de
l'humerus, & le lever attentivement,
en observant & en conservant les
rameaux de nerfs qui s'y distribuent
entre les cartilages des vraies côtes ;
ce sont des *filets* des nerfs dorsaux.
Détachez aussi ce muscle du sternum, & enfin la clavicule dans son
articulation avec le sternum. Après
avoir détaché de même le petit pectoral des vraies côtes, ôtez le tissu
cellulaire & la graisse, en observant
bien de ne couper aucun rameau de
nerf, vous découvrirez,

1°. Entre la portion antérieure &
la portion moyenne du muscle scalene
cinq cordons, dont *deux supérieurs* sont
séparés des inférieurs par la portion
antérieure du scaline, & sont formés

par la quatriéme & la cinquiéme paire cervicale, & les trois autres par
la fixiéme & la feptiéme paire cervicale, & la premiere paire dorfale.

La *troifiéme paire cervicale* jette comme nous l'avons dit un *filet* qui fe
porte fur la portion antérieure du
mufcle fcalene, & va en dedans de
la poitrine : c'eft le nerf *diaphragmatique*. Cette paire s'unit fupérieurement
avec la feconde paire cervicale à un
pouce environ de fon origine, elle
jette un filet qui croife la portion antérieure du fcalene, & va s'unir avec
le diaphragmatique.

Examinez enfuite l'union de la 4e.
& de la cinquiéme paire cervicale,
le nerf qu'on peut appeller *fuf-capitulaire* qui en part ; fuivez ce nerf, en
dégageant le tiffu cellulaire & la graiffe
qui l'environne, jufques dans les mufcles fus-épineux, & fous-épineux, &c.
aufquels il fe diftribue en paffant par-
deffus le ligament qui unit la clavicule à l'apophyfe coracoïde, & en
s'infinuant dans la petite échancrure
qui s'obferve à la partie poftérieure
de l'apophyfe coracoïde. Ce nerf
paroît particulierement fourni par la
quatriéme paire cervicale. Ces deux

paires, la quatriéme & la cinquiéme jettent un *filet* à la partie antérieure du grand pectoral ; elles s'uniffent enfuite avec les inférieures.

Les inférieures avant de concourir avec les fupérieures ne jettent aucun filet remarquable, finon que la premiere paire dorfale dans l'endroit où elle eft intimément unie avec la derniere cervicale, envoye un *filet* au petit pectoral. La fixiéme paire cervicale en jette auffi *un* à peu de diftance de fon origine, lequel va le long de la partie latérale externe de la portion moyenne du fcalene, en paffant par-deffous la feptiéme paire cervicale & la premiere paire dorfale. Otez les graiffes qui l'environnent, & vous l'obferverez le long de la partie moyenne du grand dantelé auquel il fe diftribue principalement.

Il part de la feptiéme paire cervicale un *rameau* que vous fuivrez en détachant la peau qui couvre la partie interne du bras ; ce nerf fe diftribue fur-tout à la peau. On peut le nommer le *nerf cutané du bras.*

2°. Ces cinq paires de nerf après s'être unies enfemble, fe féparent de nouveau, comme on le voit après avoir coupé les artéres & les veïnes entre lesquelles elles font embaraffées, & elles ne paroiffent plus former que trois cordons qu'on peut diftinguer en *fupérieur*, en *moyen* & en *inférieur*.

Le *moyen*, le plus confidérable de tout, jette un *filet* au mufcle fous-fcapulaire, & il fournit un *rameau* qu'on voit fe porter le long du grand dorfal, auquel il fe diftribue, *&c.*

Le *cordon inférieur* eft uniquement formé par la premiere paire dorfale, & par une partie de la derniere paire cervicale

Le *cordon moyen* eft formé par une portion de la feptiéme, de la fixiéme, de la cinquiéme & de la quatriéme paires cervicales.

Le *cordon fupérieur* par une portion de la quatriéme, cinquiéme & fixiéme paires cervicales.

Ces trois cordons fe divifent enfuite vers la partie fupérieure interne du bras ; le cordon fupérieur fe divife en *deux portions*, dont la plus confidérable s'unit avec une autre portion du cordon inférieur, pour former *le nerf médian*, & l'autre portion moins confidérable fe porte vers le mufcle corace brachial qu'elle traverse ; on lui donne le nom de nerf *musculo-cuta-né*. La portion inférieure se divise en *trois parties*, dont la plus grosse s'unit avec la supérieure pour former *le nerf médian*, la moyenne forme le *nerf cubital*, la plus petite le *nerf cutané de l'avant-bras*. Le cordon moyen se divise en *deux parties*, la moins considérable se contourne au-dessous de la portion antérieure & inférieure du muscle sous-scapulaire, & on l'appelle ordinairement le nerf *axillaire* ou *articulaire* ; l'autre portion plus considérable forme le *nerf radial*, le plus gros de tous les nerfs du bras.

3°. Tous ces nerfs ainsi distingués on enlevera la peau à mesure qu'il sera nécessaire, & en ôtant les graisses vers la partie latérale interne du biceps, on verra le nerf *cutané* de l'avant-bras se diviser vers la partie supérieure de ce muscle en *deux branches*; la *plus petite* se porte obliquement sur ce muscle, & va se distribuer principalement à la peau qui couvre la partie supérieure externe de l'avant-bras ; *l'autre* portion marche vers la partie supérieure du condyle interne en jettant dans ce trajet quel-

B b iiij

ques filets à la peau ; de-là dans la partie moyenne de la face interne de l'avant - bras , le long duquel elle rampe au-deſſous de la peau en produiſant d'eſpace en eſpace des *filets*, & va ſe perdre juſques dans la peau qui couvre le petit doigt.

4°. Après avoir ſuivi la diſtribution du nerf cutané de l'avant-bras, ſuivez le *muſcle cutané* à travers le muſcle coracho-brachial ; enſuite le long du biceps, en détruiſant les graiſſes & les vaiſſeaux qui l'environnent ; & lorſque vous l'aurez conduit vers la partie moyenne du biceps, vous le verrez ſe diviſer en *deux portions* vers la partie moyenne de ce muſcle ; la *moins conſidérable* ſe diſtribue au biceps, *l'autre* ſe ſubdiviſe à peu de diſtance en *deux autres portions*, dont *l'une* ſe jette dans le muſcle brachial interne, & *l'autre* ſe porte entre le muſcle & le biceps : cette derniere parvenue à la partie inférieure du biceps fournit quelques *filets* à la peau qui couvre la partie ſupérieure & externe de l'avant-bras : ſuivez-la le long de la partie latérale externe de la face interne de l'avant-bras en détruiſant les vaiſſeaux, le tiſſu cellulaire & la

graisse qui l'environne ; vous la verrez
dans ce trajet jetter de part & d'autre
plusieurs *filets* aux tégumens, & vers
le quart supérieur de l'avant-bras se
diviser en *deux parties*, dont *l'une* A
se porte plus en dedans, & l'autre B
le long de la partie latérale externe :
la branche B se subdivise en *deux*
autres, dont la *plus interne* s'unit à la
branche A, & *l'autre* va le long de la
partie latérale externe & inférieure
de l'avant-bras gagner la partie supérieure du dos de la main du côté
du pouce, & se perdre dans les tégumens : la branche B se porte le long
de la face latérale interne & inférieure de l'avant-bras se divise en *deux*
branches : l'une de ces branches se jette
dans les tégumens qui couvrent la
partie supérieure interne de la main
au-dessus du pouce, & *l'autre* se porte
le long de la partie latérale externe
du pouce ; cette derniere se subdivise dans ce trajet en plusieurs *filets*
qui se distribuent principalement aux
tégumens jusqu'à l'extrémité de ce
doigt.

5°. En ôtant les artéres, les veines
& la graisse qui couvrent le *nerf mé-*
dian le long de la partie latérale inter-

ne du brachial interne, on voit ce nerf paſſer par-deſſus le condyle interne, & s'inſinuer par-déſſous le muſcle rond pronateur auquel il jette quelques *filets* de même qu'au cubital interne. Ce nerf après avoir percé le rond pronateur, en ſéparant les muſcles rond pronateur, cubital interne, palmaire & ſublime, ſe porte dans la partie moyenne de l'avant-bras, entre le ſublime & le profond, jette en paſſant des filets à tous ces muſcles, & ſe rend vers la partie ſupérieure & interne de la main. Après avoir enlevé ces muſcles, le ligament tranſverſal du carpe, détruit la ponevroſe palmaire, on pourra ſuivre ce nerf, qui avant que d'entrer dans la main, jette quelques *filets* aux parties voiſines, & ſe diviſe au-deſſous du ligament tranverſal en *quatre rameaux* principaux, *l'un* de ces rameaux ſe porte vers le pouce, *l'autre* vers le doigt index, le *troiſiéme* ſe diſtribue en partie à l'index, & en partie au doigt du milieu, le *quatriéme* en partie au doigt du milieu & en partie au doigt annulaire.

6°. On ſuivra le *nerf cubital* le long du court extenſeur, en détruiſant le

tissu cellulaire & les vaisseaux qui
environnent ce nerf ; on le verra s'engager par derriere le condyle interne
entre le muscle cubital interne & le
sublime, & se porter sur le profond
le long de la partie latérale interne
de l'avant-bras au-dessus du cubitus.
En écartant le sublime & le cubital
interne, on observera vers la partie
supérieure la branche du nerf médian,
de laquelle il se détache un *rameau*
qui se divise en *deux filets*, dont l'un
s'unit à ce nerf, & se distribue au
profond, tandis que *l'autre* rameau
plus considérable se porte le long de
la membrane interosseuse, & se distribue au quarré pronateur. Le cubital
arrive à la partie moyenne de l'avant-
bras, pousse un *filet* qui vient passer
par-dessus le ligament interosseux, &
se distribuer aux tégumens qui recouvrent la peau de la main. Le cubital
après cela gagne peu à peu la partie
supérieure de la main sans jetter de rameaux considérables ; là il s'engage
entre l'hypothenar & le métacar-pien,
ausquels il jette quelques filets, & où
il se divise en *deux branches* principales.
En suivant ces branches on voit la
plus interne se diviser en partie au

doigt annulaire, & en partie au petit
doigt ; & l'autre s'engager par-deffous le mufcle méta-carpien, les tendons & du fublime & du profond,
& former le méfo-thenar au dedans
de la main une efpèce de croffe, de
laquelle il fe détache plufieurs *filets*
qui fe diftribuent aux mufcles inter-
roffeux, au doigt annulaire, au petit
doigt & aux autres parties voifines.

7°. Pour fuivre la diftribution du
nerf radial, il faut féparer le long &
le court extenfeur l'un de l'autre, ce
nerf fe portant entre ces mufcles pour
aller gagner la partie moyenne & poftérieure du cubitus. Il jette dans ce
trajet différens *filets* au long & au
court extenfeur, & au brachial externe ; & on voit en détachant le brachial externe, ce nerf fe contourner
autour de l'humerus pour gagner la
partie interne & inférieure de cet os.
Avant que de s'engager par-deffous
le brachial interne il jette un rameau
qui fe porte le long de la partie latérale externe & poftérieure de l'avant-
bras, en fe divifant en plufieurs filets
qui fe diftribuent aux tégumens, jufqu'à ceux qui couvrent le dos de la
main au-deffus du petit doigt ; le

radial interne s'engage donc par-dessous le brachial interne, & pour le
suivre il faut détruire la partie supérieure du long supinateur & du radial interne ; ce nerf après cela passe
par-dessus le condyle externe, s'engage entre le radial interne & le court
supinateur, où il se divise en *deux
branches* : *une* de ces branches se porte
entre les tendons du long supinateur
& du radial externe, vient se perdre,
en quittant ces tendons inférieurement, sur le dos la main du côté du
pouce, & sur le dos du pouce & des
doigts : *l'autre* branche traverse le
court supinateur qu'on détruira pour
la suivre, & on séparera l'extenseur
commun des doigts , & le radial
externe pour la découvrir vers la partie
postérieure de l'avant-bras ; alors on
la verra se porter au-dessous de ces
muscles auxquels elle jette des *filets*
le long de la partie postérieure de
l'avant-bras, au-dessus de la membrane interosseuse, & s'y perdre.

8°. Pour suivre le *nerf axillaire ,*
coupez le muscle grand rond dans
son insertion au bras, vous verrez
ensuite ce nerf se distribuer , principalement au deltoïde , au petit rond ,
au sous épineux , *&c.*

9°. Paſſez à la préparation des nerfs du dos. Pour cet effet après avoir levé la peau & la graiſſe, obſervez les neuf ou dix rameaux qui percent de chaque côté le trapéze & la partie inférieure du grand dorſal pour ſe diſtribuer aux tégumens : ce ſont là les *cordons poſtérieurs* des nerf dorſaux ; ſuivez-les, & après avoir remarqué tous les filéts que ces nerfs jettent aux muſcles du dos, vous les conduirez vers les trous vertébraux d'où ils partent pour ſe diſtribuer dans ces parties.

Vous ſuivrez la diſtribution des nerfs lombaires, après en avoir découvert les troncs principaux comme nous l'indiquerons dans le §. ſuivant.

§. III.

De la Préparation des Nerfs de la Poîtrine, du Bas-ventre & du Baſſin.

Nous avons ſuivi dans la préparation des nerfs extérieurs de la tête & du col, les principes du *diaphragmatique*, de la *huitiéme paire* & du *nerf inter-coſtal*. Nous avons vu le nerf diaphragmatique produit par une branche de la troisiéme & de la quatriéme paire cervicale, se porter sur la partie antérieure du scalexe antérieur pour entrer dans la poitrine. Coupez donc, pour suivre ces nerfs, les cartilages qui unissent les vraies côtes au sternum ; séparez le sternum ; cassez ensuite chaque côte jusqu'à sa partie moyenne, alors vous verrez le péricarde & les poulmons. Suivez sur les parties latérales du péricarde, entre le péricarde & les poumons, le *nerf diaphragmatique*, & vous le conduirez dans le diaphragme où il va se perdre par plusieurs filets. Observez à droite les rameaux de ce nerf qui se distribuent dans le diaphragme, en environnant la veine cave inférieure, & en coupant la veine sous-claviere par-dessous laquelle il passe l'*espèce d'anse* qu'un de ses rameaux forme sur cette veine en allant s'unir aux filets de la quatriéme paire cervicale unie avec la cinquiéme paire.

La préparation de la huitiéme paire & du nerf intercostal exige beaucoup d'attention. Après avoir mis à découvert la trachée artére, les carotides & les jugulaires, la huitiéme paire s'observe entre cette artére &

cette veine , comme nous l'avons dit
§. I. & après avoir coupé la carotide interne , la neuviéme paire se voit
dans cet endroit unie au commencement de la huitiéme : dégagez cette
paire , la branche de la huitiéme qui
se porte au larynx suit immédiatement derriére , & se divise en *deux ra-*
meaux. Un de ces rameaux se jette à
la partie postérieure du pharynx ; l'*au-*
tre passe entre l'os hyoïde & le cartilage thyroïde pour aller se distribuer à la partie postérieure de l'épi-
glotte & au-dedans du larynx , où
on peut la suivre & voir ses unions
avec le nerf récurrent. La huitiéme
paire pousse outre cela , comme nous
l'avons vû au-dessus de cette branche , un *rameau* qui se porte vers la
racine de la langue , & se distribue
au stylo-pharyngien , au génio-glosse
& à la partie inférieure du pharynx.
En suivant la huitiéme paire le long
du col, on la voit unie par un *rameau*
avec la premiere paire cervicale , &
ce même rameau se détache avec
un autre filet de la huitiéme paire,
pour s'unir avec un rameau de la seconde paire cervicale , forme une
anse sur la partie moyenne & inférieure

...e de la jugulaire , & se perd dans
la partie inférieure des muscles ster-
no-hyoïdiens & sterno-thyroïdiens.
La huitiéme paire jette vis-à-vis la
premiere paire cervicale un *filet* qui
s'unit à un filet de l'inter-costal qui
vient du dernier ganglion cervical ,
qui rampe supérieurement le long de
la sous-claviere , & se rend au-dessous de la crosse de l'aorte dans le
plexus cardiaque.

Outre tous ces rameaux supérieurs,
vous découvrirez à gauche, vis-à-
vis la partie supérieure du larynx , &
du côté droit au-dessous du larynx ,
un *rameau* qui se porte sur la partie
inférieure des carotides , de-là sur la
crosse de l'aorte. Suivez à droite ce
rameau par-dessus la crosse de l'aorte,
en dégageant peu-à-peu le tissu cellulaire qui l'environne , & poursui-
vez un *filet* de ce nerf qui va se distribuer au péricarde ; un *antre* au-dessous de la crosse & au-dessus de l'artére pulmonaire , qui s'unit avec les
autres nerfs qui se distribuent au cœur.
Passez au *rameau gauche* que vous verrez uni avec un rameau de l'inter-costal , se rendre sur la partie latérale interne droite de la crosse , se distri-

buer au péricarde , & se contourner
autour de la crosse de même que le
premier , pour communiquer avec
les rameaux de l'inter-costal qui vont
au cœur ; en débarrassant le tissu
cellulaire , & en tirant un peu sur le
côté la crosse de l'aorte , il se présentera un *autre rameau* qui va s'unir
au plexus cardiaque.

La huitiéme paire du côté gauche,
parvenue à l'entrée de la poitrine, à
la partie antérieure de la sous-claviére , jette deux filets , dont le supérieur paroît se distribuer en partie au
péricarde , & s'unir à l'inférieur dans
un rameau qui va former une espèce d'*anse* à la partie inférieure de la
crosse en s'unissant avec d'autres filets qui passent derriére cette crosse.
La huitiéme paire après avoir poussé
ces filets, jette le *nerf récurrent,* & dans
cet endroit plusieurs *rameaux* , dont *un*
principalement environne l'artére pulmonaire de ce côté , & paroît aller se
perdre dans l'oreillette du même côté,
tandis qu'un *autre rameau* qui part du
nerf récurrent va se jetter dans le
plexus cardiaque.

Vous observerez aussi qu'il part du
coude du nerf récurrent un *filet* qui

s'unit à un autre de l'inter-costal, sur la partie moyenne de l'éfophage derriére la croffe de l'aorte, lequel va s'unir au rameau poftérieur de la huitiéme paire.

Suivez la huitiéme paire poftérieurement à la racine des poumons, & vous verrez qu'elle pouffe plufieurs *rameaux* de nerfs aux poumons : ces nerfs forment derriere la veine pulmonaire de ce côté un plexus. La huitiéme paire dèflors divifée en trois branches, rampe le long de l'œfophage, c'eft-à-dire, qu'*un* de ces rameaux fe porte vers la partie poftérieure de l'œfophage pour s'unir avec un rameau femblable de celle du côté oppofé. Un *autre rameau* mitoyen marche le long des parties latérales de l'œfophage, s'unit au rameau poftérieur & au rameau antérieur, en jettant quelques filets dans l'œfophage ; après cela le rameau antérieur fe porte le long de la partie antérieure de l'orifice cardiaque, jette plufieurs *filets* fur la face antérieure de l'eftomac, & d'autres qui fe portent dans la grande fiffure du foye pour aller s'unir aux nerfs qui font placés fur la veine porte, & fe diftribuent

C c ij

dans le foye. Le rameau poftérieur
rampe le long de la partie poftérieure
de l'orifice cardiaque, fournit des
filets à la face poftérieure de l'eftomac, fe porte le long de l'artére coronaire ftomachique, où elle forme
dans cet endroit une efpèce de plexus,
d'où il part plufieurs filets qui fe diftribuent à l'eftomac ; vous la verrez
enfuite s'engager par-deffous le pan-
créas où elle va s'unir avec d'autres
filets du nerf inter-coftal.

La huitiéme paire du côté droit,
après avoir jetté comme celle du côté
gauche, le nerf du larynx, pouffe un
filet qui s'unit à un filet qui part de la
partie inférieure interne du ganglion
du nerf inter-coftal, & d'autres qui
fe portent dans le ganglion même ;
après quoi elle fe porte fur la fous-
claviére où elle jette un filet qui s'u-
nit à un filet de l'inter-coftal qui marche au-deffous de cette veine pour
aller former le plexus cardiaque entre
la croffe de l'aorte & la trachée-artére.
La huitiéme paire jette enfuite le nerf
récurrent, & dans cet endroit un *filet*
qu'on peut fuivre jufqu'à l'oreillette
gauche, & d'*autres* qui s'uniffent avec
l'inter-coftal pour former le grand

plexus cardiaque. Un *autre rameau* se porte sur la partie latérale & inférieure l'œsophage, où il va s'unir derriere la trachée artére dans l'endroit où il se divise en deux branches; & c'est dans cet endroit où la huitiéme paire jette *plusieurs rameaux* qui se distribuent dans le poumon, lesquels forment le plexus pulmonaire. Cette paire se porte ensuite le long de l'œsophage, auquel elle jette plusieurs filets, se divise en deux branches qui s'unissent à la branche postérieure de la huitiéme paire du côté gauche dont vous avez suivi la distribution.

Observez qu'il part du ganglion cervical supérieur des *filets* qui s'unissent avec d'autres du nerf *guttural* de la huitiéme paire, & qui se distribuent aux parties latérales du larynx. Le ganglion cervical supérieur reçoit sur la partie latérale externe des rameaux de communication de la dixiéme paire, de la premiere, de la seconde, de la troisiéme paire cervicale. Il est facile de les détruire, si on y fait grande attention. Ce ganglion se termine par un cordon qui se porte le long de la partie latérale interne du grand droit antérieur de

la tête , & va aboutir à l'extrémité de
ce muscle, dans un ganglion appellé
ganglion cervical inférieur. Vous le
suivrez aisément ; mais il part aussi
de l'extrémité du ganglion cervical
supérieur un *filet* qui s'unit avec un
autre de la huitiéme paire & avec
quelques *autres* que le nerf inter-costal jette dans son trajet du ganglion
cervical supérieur au ganglion cervical inférieur. Ces filets forment ensemble un cordon qui s'observe à la
partie postérieure de la carotide,
dont quelques filets communiquent
à droite avec le récurrent droit, &
le reste va s'unir sous la sous-claviére
aux nerfs qui vont au cœur. Le ganglion cervical inférieur reçoit entre
le scalene & le droit antérieur de la
tête des *filets* de la quatriéme paire
cervicale de la cinquiéme & sixiéme
paire ; & il en part *deux filets* qui se
portent sous la sous-claviére , l'extérieur se rend dans le ganglion
thorachique supérieur en embrassant
cette artére , & l'autre s'unit aux filets
qui partent de ce ganglion pour se
rendre au cœur. Le ganglion thorachique supérieur, situé immédiatement sur la racine de la premiere

côte, reçoit donc un filet de la derniére paire cervicale & de la premiere dorsale, & il en fournit qui
s'unissent avec ceux du ganglion cervical inférieur, & se portent immédiatement derriere la sous-claviére
droite. Ces filets arrivés sur la trachée
artére, reçoivent le cordon de l'inter-costal dont nous avons parlé, &
un *filet* de la huitiéme paire. Tous
ces nerfs unis ensemble se portent le
long de la partie postérieure de la
crosse de l'aorte entre cette artére &
l'artére pulmonaire; & c'est dans cet
endroit où ils s'unissent avec les nerfs
du côté opposé pour y former le plexus cardiaque, duquel partent tous
les filets qui se distribuent au cœur.
Suivez le nerf inter-costal sur la racine des côtes, & vous le verrez recevoir dans son trajet des filets de
chaque paire dorsale, & en jetter en
dedans qui vont s'unir à ceux que la
huitiéme paire jette aux poumons
pour former le plexus pulmonaire.
Il se détache du nerf inter-costal, arrivé entre la sixiéme & la septiéme
des vraies côtes, un *rameau* qui se
porte obliquement sur la partie antérieure du corps des vertébres, s'unit

dans son trajet avec d'autres au nombre de cinq , qui se détachent de même pour former un *cordon* qui passe par un trou particulier du diaphragme , & va se rendre en se bifurcant dans le ganglion sémi-lunaire , où on voit s'élever des filets qui se rendent au diaphragme , lesquels communiquent avec le nerf diaphragmatique , d'autres se porter le long de la veine cave dans laquelle ils se perdent , d'autres se jetter dans la capsule atrabilaire & dans le rein en formant différens plexus , d'autres ramper sur l'artére hépatique , environner étroitement cette artére , & aller se distribuer dans le foye ; d'autres suivent l'artére splénique , & vont se distribuer à la ratte. Enfin la plûpart de ces *filets* s'unissent sur la mésanterique supérieure avec ceux du côté opposé , & forment le plexus mésentérique supérieur duquel vous suivrez tous les filets dans le mésantere , de même que ceux du lassis ou plexus que vous observerez sur la mésantérique inférieure. Vous en remarquerez d'autres qui s'étendent dans la partie du mésantere située dans le bassin.

Vous

Vous trouverez outre cela sur les parties latérales & antérieures des vertébres inférieures du dos, sur celles des lombes & sur l'os sacrum, les troncs principaux des deux nerfs inter-costaux, aux ganglions desquels vous ferez attention, de même qu'aux filets qui s'y rendent, & à ceux qui en partent. Nous n'entrons ici dans le détail des ramifications des nerfs, qu'autant qu'il est nécessaire pour indiquer la maniere de découvrir ceux dont nous faisons mention, & en même tems d'autres que nous passons sous silence, ne nous étant pas proposé de donner une histoire complette de la distribution des nerfs.

Après avoir suivi la distribution de la 8e paire & du nerf inter-costal, passez à la recherche des paires dorsales, lombaires & sacrées, vous découvrirez les dorsales dans les intervalles que les côtes laissent entr'elles, & vous verrez la huitiéme paire se distribuer à la partie inférieure des muscles du bas-ventre en ôtant le tissu cellulaire & la graisse. Vous observerez quatre petits cordons, *un* sur la partie antérieure du psoas, un autre sur la partie moyenne du muscle iliaque, un troiſiéme ſur la partie ſupérieure de ce muſcle, & le quatriéme le long des quarrés des lombes. Ce dernier vient de la premiere paire lombaire, ſe porte obliquement vers la partie moyenne de la crête des os des iſles qu'il côtoye, & ſe diſtribue à la peau & à la graiſſe. Le troiſiéme eſt un rameau de cette même paire (comme vous le verrez en détruiſant une partie du pſoas) & paſſe le long de la partie latérale externe du muſcle iliaque pour aller ſe rendre au ligament de poupart; c'eſt le *cutané* dont nous avons parlé dans la préparation des nerfs de l'extrémité inférieure. Suivez le ſecond rameau en détruiſant le pſoas, & vous découvrirez la ſeconde paire lombaire, de laquelle vous verrez ce ſecond & le premier rameau partir ; le premier, pour paſſer par-deſſus le ligament de poupart, percer le faſcia lata, & ſe diſtribuer à la peau & à la graiſſe. Le ſecond qui ſuit la direction des vaiſſeaux ſe diſtribue par-deſſous le ligament de poupart aux glandes des aînes, à la peau & à la graiſſe. Détruiſez en entier le pſoas, alors les deux dernieres paires lombaires

se présenteront, & vous trouverez les
communications de la troisiéme paire
avec les deux dernieres, & de la seconde avec la troisiéme, comme la
seconde produit le troisiéme & le quatriéme rameau, comment elle communique avec la premiere paire lombaire qui se distribue à la partie inférieure du bas-ventre, *&c.* & enfin
les filets qui partent de la troisiéme
pour se distribuer au psoas, après quoi
la troisiéme unie avec la quatriéme,
s'unit avec une *autre branche* de la cinquiéme. Suit la direction des vaisseaux
cruraux sous lesquels vous la trouverez divisée en deux branches ; une
superficielle plus petite qui se distribue en partie aux muscles, & en
partie à la peau, & une autre plus
considérable qui se distribue (§. 4.)
aux muscles ; c'est là le *nerf crural.* En
détruisant l'artére & la veine hypo-
gastrique, vous verrez un rameau uni
avec un autre de la troisiéme, jointe
avec la quatriéme, se porter vers le trou
ovale ; c'est le *nerf obturateur.* Suivez
la quatriéme & la cinquiéme paire
dans le bassin ; détruisez le tissu cellulaire, les vaisseaux, les graisses, &
vous rencontrerez sur les parties laté-

rales de l'os facrum , les paires facrées , la quatriéme & la cinquiéme
paire lombaire , qui unies enfemble ,
jettent un *rameau* qui paffe par la
partie fupérieure de l'échancrure fia-
tique avant de s'unir avec les facrées;
après quoi la premiere & la feconde
paire facrée , unies avec ces deux
derniéres paires lombaires , forment
le nerf fciatique. La troifiéme paire
facrée s'engage entre le grand ligament & le petit ligament ifchio-fcia-
tique , & va s'unir aux derniéres paires pour fe diftribuer comme il fera
dit §. 4.

§. I V.

De la Préparation des Nerfs de l'Extré-mité inférieure.

Levez avec attention la peau & la
graiffe fur la partie antérieure de la
cuiffe. Détruifez les glandes & les
graiffes qui font entre le triceps fupérieur & le couturier , fans endommager le fafcia lata & les vaiffeaux.
Obfervez 1°. un *nerf* qui vient au-
deffous de la partie fupérieure externe du couturier , & fe porte le long

de la partie latérale externe du droit par-deſſus le vaſte externe, en ſe diviſant en pluſieurs rameaux qui ſe diſtribuent à la peau & à la graiſſe ; 2°. Dans la partie moyenne de la cuiſſe, un *autre* nerf qui vient de la partie ſupérieure latérale externe de l'artére, croiſer le couturier, & paſſer par-deſſus le vaſte interne pour aller ſe perdre au-deſſus du genoüil dans la peau & dans la graiſſe ; 3°. Un *nerf* vers la partie moyenne & interne du couturier, qui vient de deſſous ce muſcle ſe tourner deſſus, & ſe porter entre ce muſcle & le vaſte interne à la partie latérale interne du genoüil où il ſe perd dans la peau & dans la graiſſe ; 4°. Un *nerf* qui vient de la partie latérale interne des vaiſſeaux cruraux, qui accompagne la ſaphéne crurale, & ſe perd par pluſieurs filets dans la peau & dans la graiſſe ; 5°. Un *petit filet* au-deſſous du ligament de Fallope, qui ſe porte ſur la partie ſupérieure du couturier, & ſe diſtribue par pluſieurs filets à la peau & à la graiſſe.

Après avoir enlevé le faſcia lata, vous verrez que le premier & le ſecond nerf ſont des rameaux d'un

nerf qui fort du ventre, près de l'é-
pine antérieure fupérieure de l'os des
ifles, & qui fe perd au-deffus du vaf-
te externe dans la peau & dans la
graiffe ; c'eft *le cutané de la cuiffe*.

Coupez le couturier par fa partie
fupérieure, & obfervez, en le détachant, le *rameau* de nerf qui de fa
partie latérale interne, fe porte au-
deffous de lui, & s'y diftribue par
plufieurs filets. Détournez ce mufcle
fur le côté ; & après avoir ôté la
graiffe qui accompagne les vaiffeaux
cruraux, vous verrez *deux branches* de
nerfs, qui de même que les nerfs
(n. 3. 4. & 5.) & le rameau du couturier, font des branches d'un gros
nerf (le *nerf crural*) fitué entre l'extrémité du pfoas & de l'iliaque. Ce
nerf fe divife donc en plufieurs branches, que vous pourrez fuivre dans
les mufcles. Il jette 1°. une *branche* le
long du bord latéral interne du mufcle
droit, laquelle fe diftribue à ce mufcle par plufieurs *filets* ; 2°. Au-deffous de cette branche, une *autre* plus
confidérable que vous verrez, après
avoir coupé le mufcle droit par fa
partie fupérieure, & l'avoir dégagé
des autres parties, fe porter fur la

partie moyenne de la cuisse, & se distribuer au vaste interne, au vaste externe & au crural. 3°. Une *troisiéme* branche qui se porte le long de la partie latérale interne du vaste interne, s'insinue dans ce muscle auquel elle se distribue par plusieurs filets ; 4°. Une *branche* qui accompagne l'artére, se porte ensuite en s'en séparant entre le vaste interne & le couturier, & jette à ce muscle quelques filets sur la partie latérale, interne & antérieure de la jambe où elle va se perdre par plusieurs filets, en accompagnant la saphéne dans la peau & dans la graisse. 5°. Une *branche*, qui comme nous l'avons dit, croise le couturier vers sa partie moyenne, & se distribue à la partie interne & supérieure de la jambe. Détruisez totalement le couturier & le muscle droit ; détachez le triceps supérieur par sa partie supérieure, de même que le pectineus, & vous verrez au-dessous de ces muscles un *nerf* qui sort de la partie supérieure du trou ovalaire, & se distribue par plusieurs *filets* au triceps supérieur, au gresle interne & au triceps moyen.

Détachez le gresle interne & le
D d iiij

triceps moyen par leur partie supérieure, vous observerez entre le triceps moyen & le triceps inférieur un *nerf* qui perce le muscle obturateur. C'est une *branche* du nerf obturateur : cette branche se distribue principalement au triceps inférieur.

Dégagez le fascia-lata par sa partie supérieure ; suivez le nerf crural & le nerf cutané dans le bas-ventre, & vous le verrez formé comme nous l'avons dit ci-devant.

Après avoir enlevé la peau & les graisses de la partie postérieure de la cuisse, de la jambe & de la plante du pied, on observe, 1°. dans la partie moyenne de la cuisse, au-dessous du grand fessier, un *nerf* qui croise la longue tête du biceps & le demi-nerveux, & qui se distribue par plusieurs filets à la peau & à la graisse. 2°. Sur la partie moyenne de la jambe, le *nerf sural*, qui est une branche d'un gros nerf situé dans le jarret, qu'on appelle le nerf *sciatique poplité*. Le *nerf sural* se porte sur les jumeaux, sur le tendon d'Achille, & s'incline sur la partie latérale externe de ce tendon pour passer sur la partie latérale externe du talon où il se divise en *deux branches*, dont l'une se distribue par plusieurs *filets* à la peau & à la graisse qui s'observe à la partie inférieure du talon, & *l'autre* se porte obliquement sur le pied jusqu'au doigt du milieu & au petit doigt, en jettant dans ce trajet plusieurs *rameaux* à la peau & à la graisse, & aux autres parties qui l'environnent.

Détachez le grand fessier du coccix & de l'os sacrum, en observant de ne couper aucun des rameaux de nerfs qui sont immédiatement situés sous ce muscle, & qui s'y distribuent en partie ; & après avoir ôté les graisses & détruit les autres vaisseaux, vous verrez au-dessous du muscle pyramidal le *gros nerf sciatique* qui jette *trois rameaux* principaux au grand fessier : l'*inférieur* de ces rameaux se divise en *deux autres* dont l'*un* s'unit avec un *filet* qui vient au-dessous du muscle pyramidal, proche le grand ligament sacro-sciatique, & *l'autre* va se perdre dans la partie du grand fessier attachée au coccix : c'est encore de cette branche inférieure fessiere que se détache le nerf que nous avons dit croiser le biceps & le demi-nerveux.

Coupez le pyramidal ; coupez le grand ligament sacro-sciatique dans son attache à l'os ischium, & vous verrez en ôtant les graisses une espèce de plexus formé par *deux cordons* de nerfs qui sortent du Bassin : l'un vers les parties latérales de l'os sacrum, (le sacré) & l'autre au-dessous de la tubérosité de l'os iléon , (l'iliaque). C'est entre ces deux cordons de nerfs que passe l'artére sciatique. Il part plusieurs rameaux de l'espace que ces deux cordons forment ensemble en s'unissant. Tels sont les trois *rameaux* qui se distribuent au grand fessier; le *rameau* qui se détache de cette arcade & se porte avec un autre considérable, qui vient principalement du *cordon sacré*, sur le petit ligament sacro-sciatique en accompagnant l'artére & la veine honteuse. Ces deux derniers vont se distribuer à l'anus, & aux parties de la génération tant intérieurement qu'extérieurement ; & le rameau qui se distribue à l'anus en reçoit un *autre* qui perce le petit ligament sacro-sciatique, & vient aussi du cordon sacré.

Ces deux cordons s'unissent ensuite pour former le grand nerf sacro-sciatique.

Levez le moyen fessier ; observez en le levant les *filets* de nerfs qui s'y distribuent, & vous verrez dans l'échancrure sciatique un rameau qui vient du *cordon iliaque*, & se distribue par plusieurs filets, au moyen, & au petit fessier, & au pyramidal.

Levez les deux jumeaux ; coupez l'obturateur interne, & vous trouverez au-dessous de ces muscles un *rameau* de nerf qui leur jette quelques *filets*, & se distribue principalement au muscle quarré de la cuisse.

Pour suivre la distribution du nerf sciatique, coupez le biceps, le demi-nerveux & le demi-membraneux dans leur attache à l'os ischium ; séparez ces muscles les uns des autres, & les éloignez ; vous verrez le nerf sciatique se porter entre la longue tête du biceps & le triceps inférieur vers le jarret, & jetter dans ce trajet des *filets* à la longue & à la petite tête du biceps, au demi-nerveux, au demi-membraneux & au triceps inférieur. Ce nerf parvenu dans le jarret, où il jette plusieurs *filets* à la graisse & aux autres parties qui l'environnent, se divise en *deux branches* principales.

L'une de ces branches se porte sur la partie latérale externe postérieure & supérieure de la jambe , où elle se subdivise en deux rameaux dont *l'un* moins considérable se distribue par plusieurs *filets* à la peau & à la graisse qui couvre le jumeau externe , & l'autre se plonge dans les muscles vers la partie supérieure du péroné. *L'autre branche* se porte entre la partie supérieure des deux jumeaux , se plonge dans les muscles après avoir jetté le *nerf sural* dont nous avons parlé.

Détachez les deux jumeaux & le plantaire des deux condyles du fémur; séparez ces muscles du solaire ; tirez-les sur la partie latérale externe , & vous verrez après avoir ôté la graisse , les *branches* que ce nerf jette à ces muscles , celles qu'il jette au solaire , & comment il se porte en accompagnant les vaisseaux sanguins entre le solaire & le poplité ; pour le suivre dans cette partie , vous détacherez le solaire par sa partie supérieure. Vous ôterez la graisse qui se trouve aux parties latérales internes du tendon d'Achile & du talon , & vous le conduirez le long de la partie postérieure du tibia sous le nom de *sciatique tibial*. Ce nerf pousse dans ce trajet plusieurs *filets* aux muscles qui l'environnent, & parvenu à la partie inférieure latérale interne du tendon d'Achile, il se divise en *deux branches*. Coupez le muscle thenar ; dégagez l'aponévrose plantaire & le court fléchisseur des doigts ; & vous observerez que la *branche* la plus proche de la malléole interne s'insinue entre le court fléchisseur & la portion quarrée de la plante du pied, jette plusieurs *filets* aux muscles qui l'environnent, & va se distribuer en croisant les tendons du court fléchisseur des doigts, au pouce & aux trois doigts suivans. La *seconde branche*, après avoir jetté quelques filets sur les parties latérales internes du talon, se porte dans la partie moyenne du pied, entre le court fléchisseur & le long fléchisseur des doigts, fournit des *filets* à ces muscles, au grand & au petit parathenar, aux interosseux, au transversal & enfin au petit doigt.

Pour suivre la seconde branche du nerf sciatique, détachez le péronier postérieur, & vous trouverez que ce nerf se porte le long de la partie antérieure du péro-

né, & jette quelques *filets* à ces mufcles ; que lorfqu'il eft poftérieur vers
leur partie moyenne il devient *cutané*,
& fe porte entre le jambier antérieur
& l'extenfeur commun , qu'après
avoir produit quelques filets dans
cet endroit, il vient fur le col du
pied, immédiatement fous la peau,
croifer les extenfeurs & fe perdre
par plufieurs *filets* fur la partie latérale & fupérieure du pied, jufqu'au
pouce & au doigt du milieu auquel
il fe diftribue par plufieurs *filets* que
vous fuivrez après avoir levé la peau
& dégagé les tiffus cellulaires qui
les enviromnent.

Dégagez l'extenfeur commun &
l'extenfeur du pouce du jambier antérieur, & vous découvrirez entre
les mufcles, immédiatement fur la
membrane interoffeufe , *la feconde
branche* du nerf fciatique péronier,
lequel fe porte entre les mufcles,
fe diftribue par plufieurs filets, paffe
par - deffous le ligament annulaire,
accompagne l'artére, & fe diftribue
par plufieurs filets au pédieux, aux
interoffeux & au pouce.

Tous ces nerfs ainfi préparés, on
paffe à la préparation du cerveau,

de la moëlle épiniére & des nerfs
de la base du crâne.

§. V.

*De la Préparation du Cerveau, de la
Moëlle épiniere & des Nerfs de
la base du Crâne.*

Après avoir parcouru extérieurement tous les nerfs, comme nous
l'avons indiqué ci-devant, reste la
tête & l'épine qu'il faudra ouvrir
dans différens endroits pour découvrir le cerveau, la moëlle épiniere,
les nerfs qui en partent, &c. Sciez
pour cet effet le crâne horisontalement, de la partie antérieure à deux
ou trois lignes environ des fosses
orbiculaires, vers les parties latérales, à deux ou trois lignes environ
au-dessus du trou auditif externe,
jusqu'à la postérieure de l'apophyse
mastoïde, en observant de ne point
trop enfoncer la scie, pour ne point
endommager la dure-mere. Sciez ensuite le crâne dans un sens opposé,
de la partie moyenne de la sagittale
vers les apophyses mastoïdes que
vous scirez en deux, & comme les

vertébres du col empêchent de scier
ces os par leur partie inférieure,
servez-vous des ciseaux & du marteau, indiqué *Planche* premiere, au
moyen desquels vous diviserez l'occipital dans sa partie inférieure, de
maniere à couper de chaque côté
ces condyles, à peu près dans le
milieu. Servez-vous encore de ces
instrumens pour ouvrir le canal de
la moëlle épiniere; & pour cet effet
portez le ciseau sur les parties latérales antérieures de l'apophyse transf-
verse de chaque vertébre, pour séparer par ce moyen la portion postérieure de chacune de ces vertébres,
sur laquelle s'observent toutes les éminences de la portion antérieure qui
en constitue le corps. Séparez ainsi
successivement toutes les vertébres
les unes après les autres, faites-en
de même de l'os sacrum; mais observez sur-tout de ne point ébranler
les parties, & de détacher avec attention ces portions postérieures des
vertébres, pour ne point ouvrir la
dure - mere qui tapisse le canal de
l'épine, & qui d'ailleurs ne lui est
adhérante, comme vous le verrez
alors, que par un tissu cellulaire très
fin & très délié.　　　　　　L'épine

L'épine ainsi préparée, & après avoir dégagé le tissu cellulaire, la graisse, *&c.* qui environnent les nerfs à leur passage par les trous vertébraux, vous observerez des tumeurs dans ces trous; ce sont là *les ganglions* des nerfs vertébraux que vous devez conserver pour les examiner. Levez ensuite la portion supérieure & antérieure du crâne, & prenez garde en la tirant de ne point entraîner avec elle la dure - mere. Cette portion séparée, il vous sera facile d'enlever la portion postérieure : sur-tout faites attention en la séparant de la dure-mere, de couper à mesure les filets qui unissent cette membrane à ces os auxquels elle est très adhérante, principalement vers les gouttieres latérales qui reçoivent les sinus latéraux & autour du trou occipital.

Tous les os ainsi séparés, vous découvrez la *surface externe & supérieure de la dure-mere* qui tapisse le crâne; cette surface est couverte d'un grand nombre *de petits points rouges* formés par les gouttes de sang qui s'échappent à travers les vaisseaux rompus; *la surface externe postérieure de la dure-mere* qui tapisse

E e

le canal de l'épine est couvert d'un *tiſſu cellulaire* qui l'uniſſoit aux parois de l'épine, & qui eſt plus ou moins rempli de graiſſe dans différens endroits.

Il eſt facile de diſtinguer l'endroit des ſinus par leur inégalité & par leur couleur bluâtre.

Ouvrez donc *le ſinus longitudinal ſupérieur* de la partie antérieure & moyenne de la face ſupérieure de la dure-mere vers la partie moyenne & poſtérieure, où ce ſinus ſe coude ordinairement du côté droit pour aller ſe vuider dans le *ſinus latéral* de ce côté. Ouvrez ce ſinus & le ſuivez juſqu'au trou occipital, où vous le verrez s'élargir, enſuite s'étrécir, & ſe terminer dans la jugulaire interne. Vous devez obſerver dans ces ſinus leur *figure triangulaire*, *les brides* qui s'y rencontrent, *les orifices des veines* qui y aboutiſſent, les *petits grains glanduleux de pacchioni* qui ſe trouvent quelquefois dans la partie moyenne du ſinus longitudinal ſupérieur ; vers la fin de ce ſinus & au commencement du ſinus latéral droit, *deux trous*, un qui aboutit de la partie poſtérieure à l'antérieure dans le quatriéme ſinus, & un autre qui va de la partie latérale droite à la gauche dans le *sinus latéral gauche.* Ouvrez aussi ce sinus de même que les *petits sinus* qui se rencontrent quelquefois le long de la partie moyenne & postérieure qui recouvre le cervelet, lesquels communiquent supérieurement avec les sinus latéraux, & inférieurement avec un petit *sinus circulaire* que vous découvrirez dans la dure-mere autour du trou occipital : observez de même tous les *petits sinus circulaires* qui sont d'espace en espace, situés entre les deux lames de la dure-mere qui tapisse la moëlle épiniere.

Coupez la dure-mere horisontalement des deux côtés, de la partie antérieure à la postérieure, jusqu'aux sinus latéraux autour desquels vous la couperez, & vous séparerez ensuite chaque portion en deux pour l'élever vers le sinus longitudinal & découvrir par ce moyen le cerveau. Vous pourrez vous servir de l'un des lambeaux de cette membrane pour voir son tissu, & les deux lames principales dont elle est composée. Vous distinguerez facilement ces deux lames au moyen des vaisseaux qui se diſtribuent entr'elles. Obſervez les *veines* qui rampent ſur la face ſupérieure du cerveau entre les deux lames de la pie-mere & ſe portent dans les ſinus latéraux & dans le ſinus longitudinal. Remarquez auſſi *les glandes de pacchioni* qui ſe rencontrent quelquefois le long de ce ſinus. Détachez enſuite ces veines, & en tirant un peu ſur le côté un des hémiſphéres du cerveau, vous découvrirez la *faulx* & la partie inférieure, *le ſinus longitudinal inférieur* qui regne de la partie antérieure à la poſtérieure & ſe vuide dans le quatriéme ſinus. Elevez un peu les lobes poſtérieurs du cerveau, & vous découvrirez le replis de la dure-mere qui ſépare le cerveau du cervelet, & qu'on *nomme la tente* : ouvrez dans l'endroit où la faulx eſt continue à la tente *le quatriéme ſinus.*

Cela fait, dégagez la faulx, la tente, & tout le reſte de la dure-mere cerveau, du cervelet & de la moëlle épiniere ; conſervez néanmoins en ſituation trois ou quatre lignes environ de la portion antérieure des parois du quatriéme ſinus, & vous verrez alors le cerveau, la partie poſté-

rieure du cervelet, & la moëlle épiniere couverte de l'arachnoïde. Après
avoir examiné le cerveau dans sa
face inférieure pour y distinguer les
trois lobes dans lesquels on conçoit
chaque hémisphére divisé , coupez
latéralement & extérieurement la
membrane qui unit le lobe intérieur
avec le moyen , & là vous trouverez
la grande *fissure de sylvius* dans laquelle
montent les artéres qui se distribuent
à la face convexe de chaque hémisphére , & après avoir bien examiné
la figure de chacun de ces hémisphéres , écartez-les un peu l'un de
l'autre dans la partie moyenne , &
voyez dans le fond un plancher blanc.
c'est *le corps calleux*. Avant de couper
chaque hémisphére , examinez comment la premiere s'insinue dans leurs
anfractuosités ; coupez-les ensuite en
partie horisontalement , en décrivant
avec le couteau ou scapel , une espèce de courbe en haut des bords du
corps calleux vers la partie latérale
externe de chaque hémisphére ; par
ce moyen vous formerez sur les parties latérales du corps calleux *le centre ovale* , vous verrez par les *deux
substances* dont le cerveau est composé,

que le centre ovale l'eſt principalement par la ſubſtance médullaire &
qu'il eſt couvert de *petits points rouges*
produits par les gouttes de ſang qui
s'écoulent des vaiſſeaux coupés ; en
conſidérant le corps calleux, il ſe
préſente ſur ſa ſurface externe, le long
de ſa partie moyenne, une eſpèce
de ligne médullaire ſaillante qu'on
appelle *le raphé*, & ſur les parties latérales du raphé, des eſpèces de *petits filets médullaires tranſverſes* qui paroiſſent concourir pour ſe croiſer au-
deſſous du raphé. Si vous examinez
les bords antérieurs & poſtérieurs du
corps calleux, vous le trouverez dégagé & uni ſimplement avec les autres parties par la pie-mere. Vous
verrez auſſi ces filets tranſverſaux ſe
continuer dans le centre ovale.

Faites une inciſion de la partie antérieure à la poſtérieure, le long du
corps calleux & à deux lignes environ de ce corps ; vous rencontrerez
en faiſant cette inciſion les *deux ventricules latéraux* ; & en élevant les
bords du corps calleux, vous découvrirez dans ces ventricules, antérieurement les *corps cannelés*, poſtérieurement les *couches des nerfs optiques*,

& immédiatement au-dessous du corps calleux , entre les corps cannelés , antérieurement le *septum lucidum* , & de la partie antérieure des couches des nerfs optiques à leur partie postérieure , *une bandelette médullaire* de chaque côté , unie à la face inférieure du corps calleux, & qui se coude en arriére dans des cavités que vous ouvrirez de la partie postérieure vers la partie antérieure , au dessous des couches des nerfs optiques , dans la partie inférieure du moyen lobe. Ce font là *les sinus antérieurs* dont le contour ressemble en quelque façon à celui d'une corne de bellier ; & c'est dans ces sinus que s'apperçoit une éminence continue au bord postérieur du corps calleux , de la forme d'un ver à soye en coque , bordée par cette bande médullaire des ventricules , & couverte par le *plexus choroïde.* Ce font là *les cornes d'Ammon.* Vous verrez aussi à la partie postérieure de ces sinus des ouvertures des *sinus postérieurs* que vous découvrirez dans le lobe postérieur du cerveau , & vous trouverez sur les parties latérales internes une petite *éminence* dont nous avous parlé chapitre premier.

Observez aussi les cornes d'Ammon
à leur partie latérale interne pour y
découvrir l'ouverture par laquelle la
pie-mere , garnie des vaisseaux qui
montent de la base du crâne, s'insinue
dans ce sinus. Coupez transversalement
ces cornes , & voyez comme elles sont
formées intérieurement par la substance corticale , & comment elle leur est
extrêmement unie par une lame mince de la substance médullaire. Coupez le bord antérieur du corps calleux , le septum lucidum , les deux
bandes médullaires jusqu'à la partie
antérieure des couches des nerfs optiques ; renversez alors le corps calleux & les bandes médullaires en
arriére , en les tirant lentement
pour ne point déranger les parties
qui sont au-dessous. Vous observerez
sur le corps calleux renversé la face
inférieure de ce corps , les deux bandes dont nous avons parlé ci-dessus ,
que vous verrez éloignées de plus en
plus l'une de l'autre , à mesure qu'elles approchent des parties latérales
du bord postérieur du corps calleux,
d'où elles se réfléchissent en devant
pour border les cornes d'Ammon.
Le corps calleux formant par rapport

port aux ventricules une espèce de
voute , on a donné à ces bandes
médullaires le nom de *voute à trois
piliers.* On a regardé la partie antérieure de ces bandes comme le *pilier antérieur* , & leur partie postérieure comme le *pilier postérieur.* Ces bandes médullaires forment avec le bord
postérieur du corps calleux que vous
verrez continu aux cornes d'Ammon,
une espèce de triangle dont l'aire est
remplie de petits filets médullaires
longitudinaux & transversaux. C'est
là ce qu'on a nommé *la lyre.* Vous
trouverez sur les couches des nerfs
optiques un tissu de vaisseaux sanguins soutenus par un tissu cellulaire
extrêmement délié. C'est là le commencement du *plexus choroïde* dont
vous avez vû les extrémités prolon-
gées sur les cornes d'Ammon. Observez dans la partie moyenne de
cette partie du plexus choroïde , au
milieu des couches des nerfs optiques, deux petites veines qui se réunissent en un seul tronc qui se vuide
dans le quatriéme sinus. C'est là la
veine de *Galien.*

Tirez lentement le plexus choroïde
de la partie antérieure vers la posté-

rieure , & obfervez vers la partie poftérieure des couches des nerfs optiques *la glande pinéale* attachée aux parties latérales , internes & poftérieures de ces couches par un petit arc médullaire, dont les extrémités s'étendent le long du bord interne & fupérieur de ces couches, & foutenue fur une bande tranfverfale, compofée de plufieurs filets , & nommée *commiffure poftérieure.*

A la partie antérieure & poftérieure des couches des nerfs optiques, fe trouvent deux efpèces d'ouverture , dont l'antérieure fe nomme *vulva* , & la poftérieure l'*anus.* Eloignez ces couches l'une de l'autre , vous les trouverez quelquefois unies enfemble dans la partie moyenne de leur face latérale interne. L'efpace qui eft entre ces couches s'appelle le *troifiéme ventricule,* dont la partie antérieure creufée en forme d'*entonnoir* prend ce nom. Obfervez auffi à la partie antérieure de ce ventricule comment le pilier antérieur de la voute , ou les bandes médullaires que vous avez coupées , font fituées derriére une autre bande médullaire tranfverfale , appellée la *commiffure antérieure.* Suivez-la de ce côté jufques dans les corps cannelés, où elle se continue à la subſtance médullaire de ces corps. Coupez les couches des nerfs optiques pour obſerver la ſubſtance céndrée dont ces corps ſont intérieurement compoſés.

Paſſez de-là à l'examen de la ſurface du cervelet, & vous la verrez en général en forme de cône arrondi poſtérieurement, terminé en pointe antérieurement. Obſervez au milieu de ſa face ſupérieure *l'éminence vermiculaire.* En éloignant un peu la pointe du cône de la partie poſtérieure du quatriéme ventricule, vous trouverez quatre petites éminences, ſavoir, les *nàtès* & les *tètès* ; à la partie inférieure & moyenne des tètès la *quatriéme paire de nerfs,* & *la bande médullaire* ſituée ſous les tètès & de laquelle la quatriéme paire de nerfs paroît ſortir ; entre les colomnes du cervelet, une eſpèce de petite *lame* cendrée qui les unit ; c'eſt la *valvule de Vieuſſens.* Vous devez remarquer dans la partie poſtérieure du troiſiéme ventricule un petit trou ; c'eſt l'orifice du petit conduit ou de *l'aqueduc de Sylvius.* Suivez-le ſous les nàtès & les tètès, & vous le verrez se rendre du troisiéme ventricule dans le quatriéme. Coupez donc les nàtès & les tètès au-dessus de ce conduit, & dans leur partie moyenne ; la valvule de Vieussens & le cervelet en deux parties dans la partie moyenne de l'éminence vermiculaire. Éloignez ces deux portions du cervelet l'une de l'autre, & vous verrez *l'arbre de vie*, c'est-à-dire, la substance corticale tellement arrangée autour de la médullaire, dans l'endroit où vous avez coupé le cervelet, que ces deux substances représentent une feuille d'arbre. L'espace entre la valvule, les colomnes médullaires & la partie antérieure de ces portions divisées du cervelet, s'appelle le *quatriéme ventricule*. Remarquez sa figure quarrée ; la *rainure* qui divise son paroi antérieur en deux parties égales, & qui inférieurement fait représenter à la substance médullaire une espèce de bec de plume taillée ; d'où on l'a nommé *plume à écrire*. Sur les angles latéraux de ce paroi se trouvent deux *petits trous* par lesquels vous verrez quelquefois des *filets* médullaires sortir de la rainure pour passer par ces trous, tandis que d'*autres* paroiffent tourner fur le bord latéral inférieur de ce ventricule.

Soulevez enfuite avec attention les lobes antérieurs du cerveau ; & en les élevant, voyez fur les parties latérales de l'apophyfe crifta-galli *deux tubercules* grisâtres qui y font adhérens, & que vous déchirerez en tirant les lobes vers la partie poftérieure : vous remarquerez fur la face inférieure de ces lobes ainfi élevés deux petites *bandes* médullaires continues en devant à ces tubercules, & en arriére aux corps cannelés. Ce font là les *nerfs olfactifs*.

Viennent enfuite les *nerfs optiques*, dont vous obferverez la commiffure, & fur les parties latérales, externes & poftérieures, les *troncs* des carotides internes. Coupez ces nerfs & ces artéres ; dégagez un peu le tiffu cellulaire, & vous rencontrerez fur la partie moyenne de la foffe pituitaire une petite colomne rougeâtre, qui de l'entonnoir aboutit fur la glande pituitaire. C'eft *la tige pituitaire*. Examinez fi elle eft creufe, & obfervez fur les parties latérales la *troifiéme paire de nerfs*. Coupez la.

Tirez toujours de plus en plus le

cerveau en arriére, vous verrez la *quatriéme paire de nerfs* percer le bord antérieur de la tente, & au-deſſous de ce bord la *cinquiéme paire*, dont les filets qui la compoſent viennent de la protubérance annulaire. Coupez ces nerfs ; obſervez au-deſſous la *ſeptiéme paire*, ſes *deux cordons*, dont l'un eſt plus dur que l'autre, & l'origine de ces nerfs. Coupez-les, & vous verrez la *huitiéme paire* accompagnée du *nerf ſpinal*. Examinez l'origine de ce nerf & celle du nerf ſpinal, ſur les parties latérales de la moëlle épiniere. Coupez ces nerfs, & vous rencontrerez les filets de la *neuviéme paire*. Obſervez leur origine, coupez-les, & vous trouverez de chaque côté l'*artére vertébrale*, & à la partie poſtérieure de cette artére, les filets de la *dixiéme paire* de nerfs. Coupez ces nerfs & ces artéres.

Examinez enſuite comment les *nerfs* qui ſortent de la moëlle épiniére ſont formés par des filets qui viennent de la partie antérieure de cette moëlle, & qui s'uniſſent à d'autres qui viennent de la partie poſtérieure ; le *ligament dentelé* qui ſépare les filets antérieurs des poſtérieurs ; ſupérieurement, entre les filets qui forment les nerfs cervicaux, les *filets* qui forment le nerf spinal; inférieurement, le concours de plusieurs *cordons* formés par la réunion des filets qui partent de la partie inférieure de la moëlle épiniére, & qui depuis la partie inférieure de la premiere vertébre des lombes jusqu'à celle de l'os sacrum, ont la figure *d'une queuë de cheval*, d'où elle a pris ce nom. On voit aussi supérieurement entre ces filets un petit tubercule ovale, qui se termine par un long filet placé au milieu de ces cordons.

Examinez aussi comment les filets postérieurs qui concourent avec les filets antérieurs pour former chaque nerf vertébral, sont gonflés dans l'endroit de leur réunion, en passant par les trous vertébraux où ils forment le ganglion. Voyez ensuite comment les deux artéres vertébrales se réunissent en un seul tronc pour former *l'artère basilaire*, laquelle se divise antérieurement en quatre branches, dont les deux moyennes communiquent avec les carotides.

Les carotides communiquent aussi entr'elles au moyen d'un petit *con-*

duit commun que vous devez chercher entre les rameaux qui s'étendent
le long de la partie interne & inférieure des lobes antérieurs. Suivez
la diſtribution de ces artéres. Vous
les enleverez lentement avec la pie-
mere qui les ſoutient, pour voir
comment les filets médullaires du
cerveau concourent pour former deux
colomnes, qui vous paroîtront ſéparées l'une de l'autre par une eſpèce
de *petite foſſe*, ſur les parties latérales internes deſquelles vous trouverez
les *tubercules mammillaires*, & ſur leur
partie latérale externe *les nerfs optiques*
qui de leur commiſſure ſe rendent
à la partie poſtérieure des couches,
& de ces nerfs ; d'où vous les verrez prendre naiſſance. Faites attention
à l'endroit où les *cuiſſes du cerveau*
ſont croiſées par les *cuiſſes du cervelet*. Les filets y ſont très-remarqua-
bles. C'eſt là la *protubérance annulaire*
ou le *pont de Varole*. A la partie inférieure de ce pont, vous trouverez
les *éminences pyramidales antérieures*, les
latérales, & entr'elles les *corps olivaires* qui tous vous paroîtront formés par
les colomnes médullaires du cerveau
qui traverſent celles du cervelet.
Néanmoins en coupant la protubé-

rance annulaire, vous verrez les filets des cuisses du cerveau croisés par ceux du cervelet, & tellement confondus ensemble, qu'il paroît que la moëlle épiniere est formée par le concours des filets des cuisses du cerveau avec celles du cervelet.

En dégageant le tissu cellulaire de la partie postérieure de la moëlle épiniere, vous pourrez, en suivant la rainure du quatriéme ventricule, la séparer de haut en bas en deux portions.

C'est là en général tout ce qui se présente à observer dans la dissection du cerveau & de la moëlle épiniere. Passez donc à l'examen des nerfs intérieurs de la tête, c'est-à-dire, voyez comment les dix paires de nerfs du cerveau s'engagent dans la dure-mere pour traverser le crâne, & ce qu'ils deviennent. Examinez aussi les sinus de la partie inférieure de la dure-mere.

Pour observer les sinus de la partie de la dure-mere qui tapisse la base du crâne, & suivre les nerfs qui à travers cette membrane, se rendent hors du crâne dans différentes parties, commencez par les sinus. En examinant ces sinus, conservez tous les nerfs. Coupez la dure-mere fur l'angle poftérieur du rocher, & vous verrez *les finus pétreux fupérieurs.* Ouvrezla fupérieurement & inférieurement fur l'apophyfe cuneï-forme, & vous découvrirez *les finus occipitaux antérieurs fupérieurs, & antérieurs inférieurs;* & fur l'angle inférieur du rocher, *les finus pétreux inférieurs.* Ouvrez la dure-mere autour de la foffe pituitaire, vous verrez le *finus circulaire de* Ridley; & dans la partie moyenne de cette foffe, après avoir enlevé la glande, le *finus tranfverfe* que vous verrez aboutir de part & d'autre par-deffous le finus circulaire dans les finus caverneux. Vous obferverez dans ces finus la *troifiéme paire,* la *quatriéme paire,* la *fixiéme paire* & l'efpèce d'S que la carotide interne forme fur les parties latérales de la foffe pituitaire.

Suivez la cinquiéme paire, vous la verrez s'infinuer fous le finus caverneux, entre la lame externe de la dure-mere & les os, & fe divifer fur les parties latérales de la foffe pituitaire en *trois branches.* Pour découvrir la premiere branche *opthalmique,* coupez avec un cifeau la partie du coronal qui forme la portion fupérieure de la

foſſe orbitaire, après l'avoir fciée antérieurement & en dedans fur les parties latérales de la lame clibleufe de
l'os ethmoïde, fans endommager cet
os, & en dehors au-deſſus de l'angle
externe de l'orbite, juſqu'à ce qu'elle
foit entiérement fciée dans la direction
de cet angle au trou optique. Prenez
enfuite un cifeau tel que nous l'avons
indiqué *Planche* 1re. & un marteau ;
divifez cette piéce triangulaire jufqu'au trou optique ; & après l'avoir
ébranlée, foulevez la par la pointe,
de la partie poſtérieure à l'antérieure;
vous découvrirez alors la partie fupérieure de la membrane qui tapiſſe
la foſſe orbitaire. Percez cette membrane, & découvrez fupérieurement
les parties renfermées dans l'orbite.

En détachant cette membrane, vous
la trouverez vers le trou optique
adhérente, ou pour mieux dire,
continue à la dure-mere qui couvre
ce nerf dans fon paſſage par le trou
optique, & en devant autour du
bord orbitaire avec le péricrâne.

S'il étoit reſté une petite languette
qui forme le bord fupérieur de la fente fphénoïdale, détruifez la. Suivez
enfuite les nerfs, & vous verrez d'a-

bord au-deſſus du releveur de la pau-
piére une branche de nerfs qui ſe porte le long de ce muſcle juſqu'au trou
ſourcilier par où il s'engage pour former le *nerf frontal.* Ce nerf, après
avoir jetté quelques *filets* à ce muſcle,
& particuliérement un gros *rameau*
en dedans, entre le muſcle grand
oblique & l'adducteur de l'œil, vers
la poulie du grand oblique, ſe perd
dans cet endroit par *pluſieurs filets* dans
l'angle interne de l'œil, & ſe nomme
le *ſur-trochléateur.* Pourſuivez ce nerf
en arriére, & vous verrez que c'eſt
le rameau *frontal* de la premiere branche de la cinquiéme paire. Cette
branche ſe diviſe en trois *rameaux*
principaux, dont vous obſerverez le
ſecond ou le *lacrymal* le long de la
partie latérale externe du muſcle droit
ſupérieur de l'œil, ſe porter à la
glande lacrymale à laquelle il ſe distribue par *pluſieurs filets*, & où il en
jette un qui s'unit au ſous-cutané
des joues.

Cherchez le troiſiéme ou le *naſal*
ſous l'origine du muſcle releveur des
paupiéres, & ſous celle du droit ſupérieur de l'œil, entre les branches
de la troiſiéme paire. Ce nerf jette ,

à peu de distance de son origine un *rameau* qui se porte à la partie latérale externe du nerf optique, au *petit ganglion* ou *petit plexus opthalmique*, situé à la partie latérale externe du nerf optique, peu après son entrée dans l'orbite. Vous suivrez ensuite le *nasal* sur le muscle trochléateur, & vous le verrez se diviser en deux rameaux principaux, dont l'*un* s'engage par le trou orbitaire antérieur pour entrer dans le crâne par un trou de la lame cribleuse de l'os ethmoïde, & de-là rentrer dans le nez par un autre trou de cette même lame; l'*autre* se porte vers l'angle interne de l'œil, au-dessous de l'anneau cartilagineux du muscle trochléateur, où on le peut nommer le *sous-trochléateur*, & se distribue dans ces parties.

En tirant cette premiere branche *opthalmique* ou *orbitaire* de la cinquiéme paire sur le côté, vous observerez entr'elle & la carotide la *sixiéme paire* qui s'engage à la partie postérieure de la fosse pituitaire sous une espèce de *petit ligament*; & lorsqu'elle est sur la partie latérale externe du coude postérieur de la carotide interne, c'est là où vous devez chercher *un* & quelquefois *deux filets* qui paroissent accompagner la carotide, & s'unir de derriere en devant à angle aigu avec la sixiéme paire. Ces *filets* passent pour être l'origine du nerf intercostal. Vous verrez aussi un *petit plis* de la dure-mere qui sépare dans cet endroit la sixiéme paire de la cinquiéme ; & en suivant la sixiéme paire, vous la verrez se perdre dans le muscle abducteur ; la quatriéme dans le muscle grand oblique, & la troisiéme dans les autres muscles.

Vous observerez le *filet* de la troisiéme paire qui part du rameau de ce nerf qui se distribue au petit oblique. Ce filet concourt à former le plexus opthalmique. Suivez les *filets ciliaires* de ce plexus autour du nerf optique, & vous le verrez percer la partie postérieure de la sclérotique, pour se rendre aux différentes membranes du globe de l'œil.

Pour suivre la *septiéme paire*, détruisez avec un ciseau & un marteau les parois du trou auditif interne, & vous verrez qu'au fond ce trou se partage en deux ; que vers l'inférieur la portion molle se divise en deux

branches, dont l'une se rend au li-
macon, & l'autre aux canaux demi-
circulaires, & que la portion dure
passe par le trou supérieur, s'engage
dans l'aqueduc de FALLOPE pour
sortir par le trou stylo - mastoïdien.
Vous observerez deux rameaux principaux de ce nerf ; *l'un* à la partie
supérieure de la caisse qui s'unit au
rameau du *Vidian* ; *l'autre* vers la partie moyenne qui s'engage entre l'enclume & le marteau pour former la
corde du tambour.

Pour découvrir le *rameau maxillaire
supérieur* de la cinquiéme paire , servez-vous du ciseau & du marteau ;
détruisez les os à mesure qu'il sera
nécessaire pour voir ce nerf, dont
le gros rameau qui s'engage dans le
conduit sous-orbitaire doit vous servir de guide. Vous verrez ce nerf
jetter à sa sortie du trou petit rond ,
le *rameau sous-cutané* de la joue. Ce
nerf se porte vers la partie postérieure de la fente sphéno-maxillaire dans
l'orbite, où il jette un *filet* avant que
d'y entrer. Suivez ce filet jusqu'à l'endroit où il *communique* avec les *filets* du
nerf lacrymal. Suivez les autres dis-
tributions de ce nerf, & voyez com-

me il paſſe à travers les os de la pomette pour ſe perdre dans les tégumens.

Vous trouverez enſuite les trois rameaux de diviſion du nerf maxillaire
ſupérieur, c'eſt-à-dire, le *Vidian*, le
Palatin & l'*Alvéolaire* ou *Dentaire poſtérieur*, vers la partie ſupérieure de
l'apophyſe ptérygoïde. C'eſt au-deſſus du conduit ptérygoïdien ou de
Vidius, que la branche de la maxill-
laire ſupérieure ſe diviſe en deux, le
Vidian & le *Palatin*.

Suivez le *Vidian* dans ſon conduit,
& vous rencontrerez les *rameaux* de
ce nerf dans le nez, & particuliérement *ceux* qui ſe portent ſur la carotide pour former l'intercoſtal, & *celui*
qui dans la partie ſupérieure de la
caiſſe va s'unir à la portion dure.

Conduiſez le rameau *palatin* que
vous trouverez plus conſidérable que
le vidian, dans l'angle formé par l'a-
pophyſe ptérygoïde & par l'os du palais. Vous verrez les *trois rameaux*
de ce nerf ſe diſtribuer au palais, en
traverſant les conduits palatins.

Suivez le nerf maxillaire ſupérieur,
après qu'il a jetté ces rameaux dans le
conduit ſous - orbitaire, où il jette

avant

avant que de s'y engager, le nerf *alvéo-laire* ou le *dentaire postérieur* qui se dis-tribue aux dents molaires postérieures & aux autres parties voisines.

Le nerf maxillaire supérieur s'enga-ge donc ensuite dans le conduit sous-orbitaire, où il prend ce nom ; pous-se dans ce trajet un *rameau dentaire an-térieur* aux dents ; enfin il sort par le trou orbitaire inférieur où il commu-nique, comme nous l'avons dit, avec les rameaux sous-orbitaires de la por-tion dure , *&c.* & se perd par plu-sieurs *filets* dans le nez , dans les lé-vres , dans les glandes, *&c.*

Vient ensuite le maxillaire infé-rieur. Cassez de même les os pour le suivre , & voir les divisions telles qu'elles sont indiquées dans le §. I.

Suivez la huitiéme paire & la neu-viéme paire , & vous les verrez sor-tir hors du crâne pour se diviser com-me il a été dit dans le §. I. & III. Cassez le conduit de la carotide pour y découvrir les rameaux de l'intercos-tal qui rampent autour de la caroti-de dans ce conduit, & vous les ver-rez produits par le vidian. Au reste, ces rameaux une fois parvenus dans le ganglion cervical supérieur , le nerf intercoſtal ſe diſtribue comme on l'a dit §. III.

Quant à la dixiéme paire, ſi vous la diſſéquez du dedans du crâne en dehors, vous la verrez traverſer la dure-mere entre l'occipital & la premiere vertébre, pour ſe gliſſer dans l'échancrure ſupérieure de la premiere vertébre où elle forme un ganglion, & ſe diviſe en pluſieurs rameaux, après avoir communiqué avec l'intercoſtal & la premiere paire cervicale, comme on l'a vû §. I.

Fin de la premiere Partie.

Nota. *Conſultez l'explication des Figures de ce Volume qui eſt après l'Errata.*

Errata de la Premiere Partie.

Partout où vous trouverez des mots termi-
nez en oide & oidien, lifez oïde & oïdien.

PAg. 1. lig. 8. fceletopeie : lifez *fcélétopéie.*
P. 17. l. 3. viennent, *vient.*
P. 65. l. 25. claricule, *clavicule.*
P. 103. l. 2. carpet, *carpe &.*
P. 110. l. §. *VI.*
P. 114. l. 3. ligamens, *tégumens.*
P. 115. l. 27. poftérieur, *antérieur.*
P. 118. l. 9. , entre, 1°. *entre.*
Id. l. dern. naviſculaire, *naviculaire.*
P. 123. §. VII. tarfe, *pied.*
P. 159. l. 22. offifié, *offifié.*
P. 162. l. 3. le trou, *les trous.*
P. 186. l. 19. l'aſtragol, *l'aſtragal.*
P. 189. l. 28. , des „ 29. icelle, . *des„ , celle.*
P. 212. l. 24. fternum, *fternum & l'*
P. 223. l. 1. les finus tranfverfes, *le finus tranf-*
verfe.
P. 224. l. 25. antérieur, *antérieure.*
P. 262. l. 14. fubftante, *fubftance.*
P. 266. l. 25. le corps, *les corps.*
Id. l. 26. les corps, *& le corps.*
P. 291. l. des fcaline, *fcaléne.*
P. 292. l. 18. fuf-capitulaire, *fus-fcapulaire.*
P. 296. l. 10. mufcle cutané, *mufculo-cutané.*
P. 308. l. 6. el'e „ *il.*
Id. l. 9. ; vous la, . *Vous la*
P. 327. l. 16. orbiculaires, *orbitaires.*
Id. l. 25. la fagittale, *la future fagittale.*
P. 332. l. & la, *& à fa.*
P. 333. l. intérieur, *antérieur.*
Id. l. 20. premiere, *pie-mere.*

PREMIE'RE PLANCHE.

A B C G M, &c. **L**A table sur laquelle se voient
divers instrumens.

A Les pieds de la table joints ensemble de maniere que la barre qui les unit est percée dans son milieu

B D'une vis au moyen de laquelle la table peut se tourner en divers sens, se hausser, & se baisser.

C G X Le milieu de la table disposé en forme de goutiére.

G Ouverture faite à l'une des extrémités de la table pour recevoir

D E F Les deux colonnes de bois aux parties latérales desquelles se voient

E Deux piéces, une de chaque côté, creusées en forme de vase &

F La vis qui les traverse l'une & l'autre, afin que les piéces E puissent s'approcher & s'éloigner l'une de l'autre, lorsqu'on y veut mettre ou ôter la tête du Cadavre.

H Un billot creusé sur un de ses an-

gles , pour y recevoir la tête du
Cadavre.
I Eponge.
K Petite scie.
L M N O P Q R Grande scie.
M N Arbre de la scie.
N Extrémité de ses bras percée à six
pans pour y recevoir
O P Q La scie garnie à ses deux ex-
trémités d'une vis
P Figurée à six pans pour être reçu
dans N , de sorte que l'extrémité
Q Soit arrêtée au moyen de
R L'écrou , tandis que l'autre est ar-
rêté par
L Le manche.
S Instrument de fer pour tirer le cer-
veau du crâne & la moëlle épiniere
de l'épine.
T U V Ciseaux de différentes espèces.
T Ciseau cannelé en forme de gouge.
U Petit ciseau.
V Grand ciseau.
X Le marteau.
Y La lime.
Z Couteau court propre à ratisser les
os , & à d'autres usages.
a Un rasoir.
b Une pierre à repasser les scalpels &
les rasoirs.
c Petite bouteille à l'huile.

SECONDE PLANCHE.

A Compas de proportion.
B Autre compas à pointe.
C Hérigne à deux branches.
D Hérigne simple.
E Ciseaux à ressort.
F Scalpel nommé *névrotome*.
G. Grand scalpel à lancette.
H Petit canif à deux lames.
I Scalpel à dos.
K Petit scalpel à lancette.
L Gros scalpel à demi dos.
M Pinces.

TROISIE'ME PLANCHE.

Fig. 1re.

A B Une palette
B Percée dans son milieu
de plusieurs trous pour recevoir le
foret C D E.

Fig. 2.

C D E Un foret garni de la
D Poulie dans laquelle on passe l'ar-

fon, fig. 7. & dont on engage
E L'extrémité dans un des trous B de
la palette A B que l'on a devant foi,
tandis que
C L'autre extrémité eft approchée de
l'endroit des os qu'on veut percer.

Fig. 3.

Une verille pour percer les os avec
la main.

Fig. 4.

F G H I J K L M Un tour.
F Le corps du tour.
G L'écrou pour l'arrêter fur la table.
H La vis qui tient le foret en for-
me de poupée.
I L'écrou pour fixer la vis H.
J La boëte ou poulie.
K Piéce qui entre dans le corps du
tour
L Pour y recevoir une petite vis,
pour contenir
M Le foret que l'on introduit dans
la piéce K.

Fig. 5.

Pince pointue.

Fig. 6.

Pince plate quarrée.

Un arſon.

Fig. 7.

Fig. 8.

O P Une vis à l'une des extrémités
de laquelle ſe voit
O Un anneau , & à l'autre
P Un écrou pour l'arrêter lorſqu'on
a engagé la vis.

Fig. 9.

Q R Palette pour former des écroux.
R Trous pour former les vis.

Fig. 10.

Vis pour en former dans des morceaux
de cuivre qui puiſſent recevoir celles qui ont été formées dans les
trous R.

Fig. 11.

Une paire de ciſeaux courts en forme de ciſailles , pour couper le
cuivre & le fil de léton.

FIN.

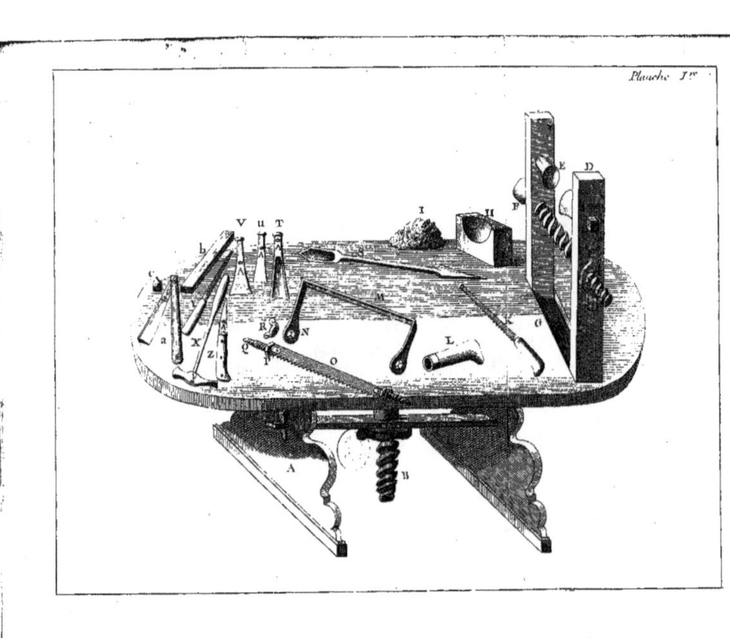
Planche I.re

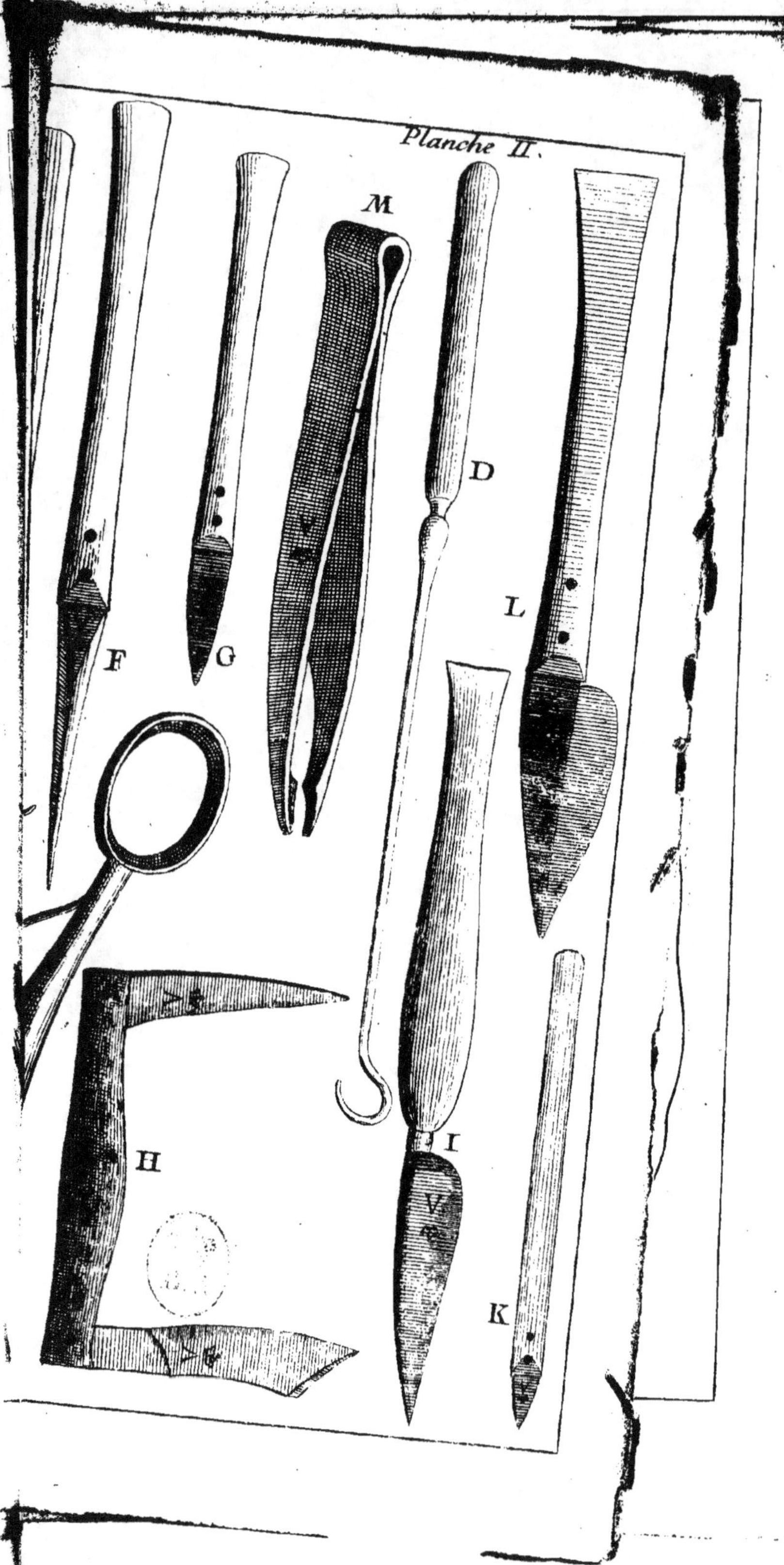

Planche II.
M
D
L
F
G
H
I
V
K

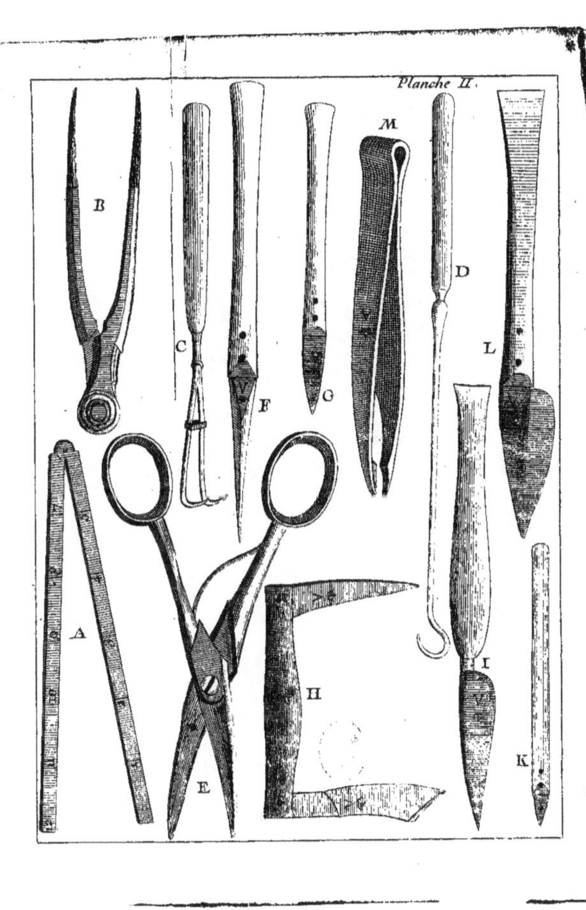
Planche II.
A
B
C
D
E
F
G
H
I
K
L
M

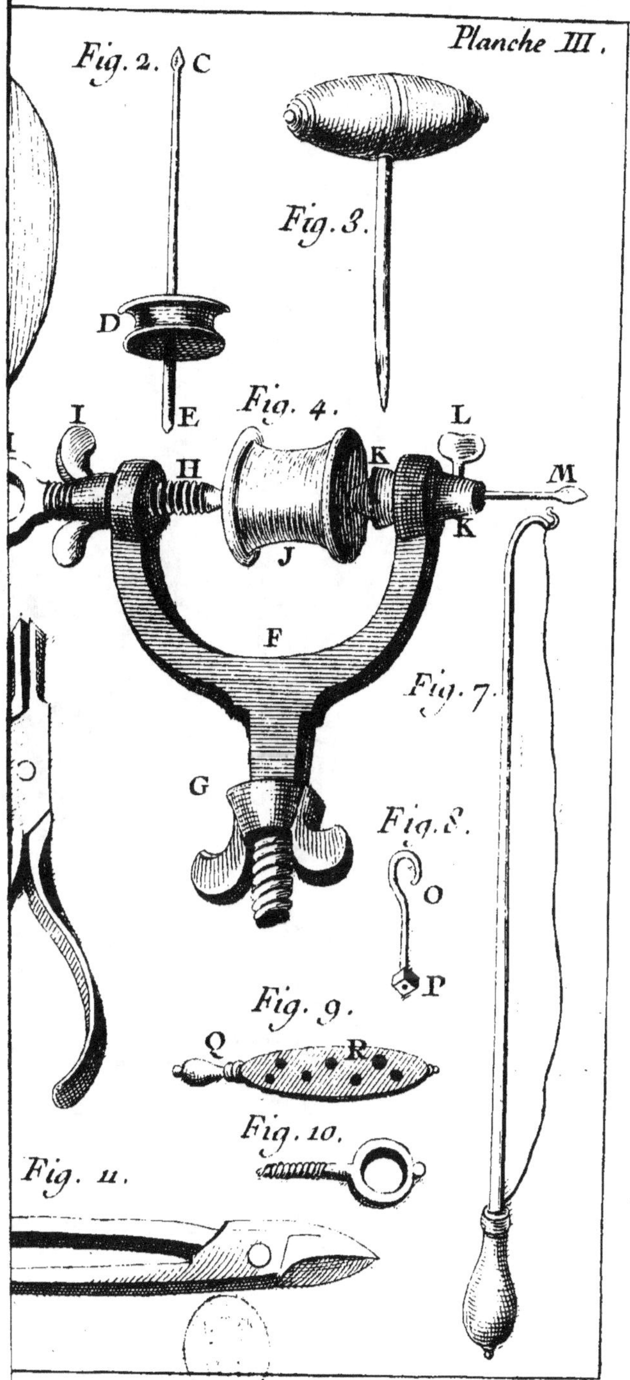
Planche III.
Fig. 2.
C
D
E
Fig. 3.
Fig. 4.
I
H
J
F
G
K
L
M
K
Fig. 7.
Fig. 8.
O
P
Fig. 9.
Q
R
Fig. 10.
Fig. 11.

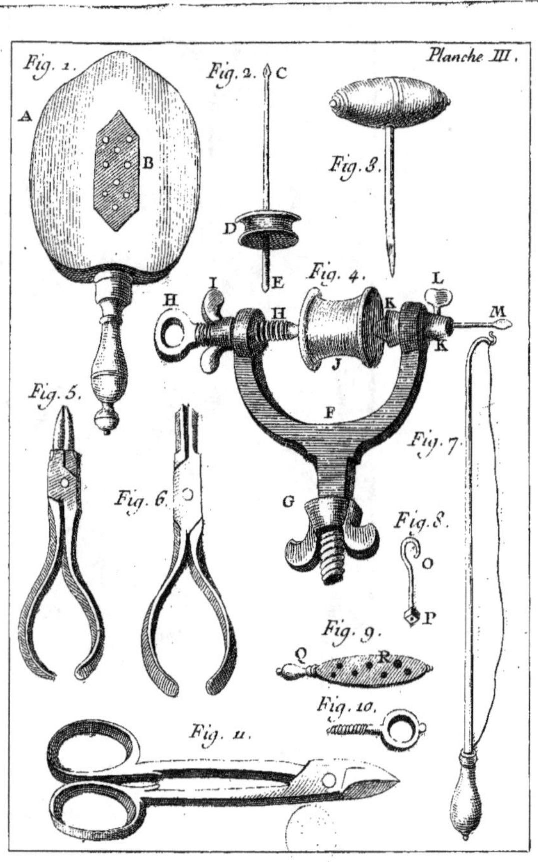

Planche III.
Fig. 1.
A
B
Fig. 2.
C
D
E
Fig. 3.
Fig. 4.
I
H
H
K
L
M
J
K
F
G
Fig. 5.
Fig. 6.
Fig. 7.
Fig. 8.
O
P
Fig. 9.
Q
R
Fig. 10.
Fig. 11.